1+X特种机器人操作与运维
职业技能等级证书配套教材

特种机器人操作与运维

（高级）

徐州鑫科机器人有限公司　组　编
张利　主　编
汤金保　孙胜利　朱丽敏　副主编
杨文杰　陈菁　袁长福　鹿云海　参　编
林惠玲　陈福星　陈昭钦

大连理工大学出版社

图书在版编目(CIP)数据

特种机器人操作与运维：高级 / 徐州鑫科机器人有限公司组编；张利主编． -- 大连：大连理工大学出版社，2022.12

ISBN 978-7-5685-3442-0

Ⅰ．①特… Ⅱ．①徐… ②张… Ⅲ．①特种机器人－操作－职业技能－鉴定－教材 Ⅳ．①TP242.2

中国版本图书馆 CIP 数据核字(2021)第 252569 号

大连理工大学出版社出版

地址：大连市软件园路 80 号　邮政编码：116023
发行：0411-84708842　邮购：0411-84708943　传真：0411-84701466
E-mail：dutp@dutp.cn　URL：https://www.dutp.cn
大连图腾彩色印刷有限公司印刷　　大连理工大学出版社发行

幅面尺寸：185mm×260mm	印张：11.75	字数：264 千字
2022 年 12 月第 1 版		2022 年 12 月第 1 次印刷

责任编辑：刘　芸　　　　　　　　　　　　责任校对：吴媛媛
　　　　　　　　　封面设计：英乔设计

ISBN 978-7-5685-3442-0　　　　　　　　　定　价：42.80 元

本书如有印装质量问题，请与我社发行部联系更换。

序 言

一、我国特种机器人产业有望走在世界前列

当前,我国特种机器人市场保持较快发展,各种类型的产品层出不穷,在应对地震、洪涝灾害和极端天气以及矿难、火灾、安防等公共安全事件中,对特种机器人有着突出的需求。2017年以来,中国特种机器人市场年均增长率达到30.7%。预计2022年,中国特种机器人市场规模达到22亿美元,到2024年,中国特种机器人市场规模将有望达到34亿美元。

近年来,我国各地安全事故屡有发生,且具有防控难度大、风险系数高、人员伤亡多、智能装备少、救援效率低、财产损失重、社会影响差等特点。绝大多数适龄劳动力不愿从事高危、枯燥、繁重的工作,因此迫切需要在高危环境(如消防、石化、冶金、煤矿、电力、军民融合等领域)中推广使用特种机器人,最大限度地保障人民群众的生命财产安全。

在消防领域,近年来天津港大爆炸、江苏响水特大爆炸、四川凉山森林大火等灾害的发生,引起了国家和地方政府的高度重视,消防机器人由此迎来了良好的发展时机。我国消防机器人得到了较快发展,使用消防机器人可极大地减少或避免消防人员伤亡。

在石化、冶金、煤矿、电力等领域,通常采用人工巡检方式,劳动强度大,工作环境危险,人工效率低,用机器人巡检代替或协助人工巡检将极大地提高工作效率,降低人工劳动强度,保障人身安全。

在军事应用领域,随着人工智能、传感器、通信等技术的发展,无人作战系统成为未来重要的作战方式,军事机器人将作为无人作战系统中的核心装备,在未来战争中起着重要作用。

习近平总书记指出,"我国将成为机器人的最大市场""中国将机器人和智能制造纳入了国家科技创新的优先重点领域,我们愿加强同各国科技界、产业界的合作,推动机器人科技研发和产业化进程,使机器人科技及其产品更好为推动发展、造福人民服务"。

综上所述,由于我国有着大量应用方面的需求,敢于创新的中国企业家们在"人不能进、人不能及、人不能为"的各种领域投入大量人力、物力进行机器人的研究和应用,因此我国特种机器人技术将得到蓬勃发展,特种机器人产业将日益壮大。

二、我国特种机器人复合型技术技能人才紧缺

目前,国家正在消防、市政、应急、矿山、石化、地铁、冶炼、海工、反恐处突、铁路交通、卫生防疫、军民融合、城市综合管廊等众多领域推广使用特种机器人。《中国机器人产业发展报告(2022)》预测,特种机器人专业人才缺口约为 62 000 人,复合型人才每年需求量净增加值约为 12 000 人,未来五年急需人才超过 12 万人。

过去我国没有特种机器人相关的专业技术人员职业资格证书或技能人员职业资格证书要求。根据《特种机器人 分类、符号、标志》(GB/T 36321—2018)对特种机器人的分类以及相关的应用场景说明,现有与特种机器人相关的职业技能资格证书包括:消防设施操作员、安保服务人员、特种设备检验检测人员、注册设备监理师等。但以上职业技能资格证书一般都是其面向的职业岗位在工作时可能会涉及部分特种机器人操作与维护等简单的内容,并没有对特种机器人本身所关联的基础理论知识、工艺装配指导及操作、运维、保养等完整的技能体系进行培训和考核。同时,在很多职业院校中仅开设机器人工程、智能机器人、工业机器人等相关专业,而特种机器人相关课程仅在部分院校的消防及救援专业中作为选修内容。

综上所述,国家对特种机器人的需求量大,而特种机器人相关专业空缺,相关教育资源匮乏,特种机器人复合型技术技能人才培养不足,远远跟不上产业发展和社会需求,因此,证书的开发是解决国内特种机器人行业快速发展与相关人才体系薄弱之间矛盾的有效方法,是对复合型技术技能人才培养的积极探索。开发和培养特种机器人复合型技术技能人才是急国家之急,应社会之需,开展相关培训工作则体现了迎难而上的勇气和高度的社会责任感,这对于促进我国特种机器人和人工智能技术的发展和繁荣具有重要的划时代意义。

三、本套教材的定位与特点

本套教材依据《特种机器人操作与运维职业技能等级标准》分为初级、中级、高级,三级层层递进。初级侧重于特种机器人的操作、运维和保养,中级侧重于特种机器人的装配调试和故障诊断,高级侧重于特种机器人的应用选型和项目管理。

本套教材覆盖的职业领域主要有:完成特种机器人操作、日常维护、验收、管理等工作的岗位(国家应急管理部门消防救援人员、部队军事应用机器人操作人员、特警特种机器人操作人员、特种设备维护运行设备监督管理人员、应用企业的操作技师、应急救援人员、物业小区安全巡查员、危化企业安全员、危化企业安全监管人员(政府职能部门)等职业岗位;完成特种机器人零部件组装、总装调试、特种机器人维护与保养等工作的岗位(特种机器人本体制造企业机器人组装作业技术人员、电气焊接作业技术人员、强弱电组装和布线作业人员、调试工程师、检验工程师、维保工程师等职业岗位);完成特种机器人系统的施工、设计和技术调研、运行管理等工作的岗位(特种机器人现场施工技术负责人、现场施工方案设计员、项目设计调研工程师、特种机器人研发工程师、特种机器人系统高级运行

监督管理人员等职业岗位）。

教材及对应的标准均为特种机器人行业内首次编写和发布，对于以特种机器人为代表的智能装备、无人装备的验收、使用、维护与保养、分析具有较强的示范和引导作用，对于培养和提高消防救援人员使用智能装备的兴趣和技能，避免救援人员的人身伤害，"科技强安"理念的落实以及先进智能装备行业的发展做出了积极的贡献，具有较强的先行意义。

四、不忘来时路，方能致远途

"坚持制造业的服务化、推进中国高端装备制造产业的发展和繁荣""用特种机器人在机器人领域扳回一局，为国争光"是我们"不忘初心、继续前进"一贯坚持的目标。

徐州鑫科机器人有限公司以党的十九大精神和习近平总书记系列重要讲话精神为指导，深入贯彻落实《国家职业教育改革实施方案》，积极响应1+X证书制度试点工作的需要，借助中信集团和中信重工开诚智能装备有限公司的优势平台，结合自有基地和合作院校，开发和打造出特种机器人操作与运维职业技能等级证书，力争五年内为国家输送特种机器人复合型技术技能人才300万人，有效解决特种机器人产业的迅猛发展对特种机器人复合型技术技能人才紧缺需求的问题，推动特种机器人在我国自然灾害事故中及重大生产安全、公共安全、能源安全和军事安全形势严峻的战略新兴和民生紧缺领域的广泛应用，助力特种机器人产业高质量发展。

在此特向参与本套教材编写的所有作者，向为标准开发、教材出版付出心血的赵兴友、姚吉松、杨松、刘继德、朱国庆、史清宇、汪箭、贾文胜、陈钦佩、祝木伟、蒋旭东、鲁加升以及从事本书编辑、出版、发行工作的大连理工大学出版社的编辑们表示衷心的感谢！向选择考取特种机器人操作与运维1+X证书的院校师生以及从事应急、消防、安全等工作的社会考生表示感谢！向所有为了我国特种机器人产业的发展和繁荣付出辛勤努力的领导、专家、同人们致以衷心的谢意！

由于编写时间紧迫，加之编者能力所限，书中的问题和疏漏仍可能存在，恳请读者不吝赐教，及时将意见和建议反馈给我们（网站：http://www.xinkerobot.com；电子邮箱：xinkeservice@163.com），以便修订时加以改进。

徐州鑫科机器人有限公司创始人　党支部书记　董事长

2022年8月　中国共产党第二十次全国代表大会即将召开之际　江苏徐州

目 录

引 言 ………………………………………………………………………… 1

模块一　特种机器人的技术 ……………………………………………… 3
第一节　特种机器人的应用 …………………………………………… 3
第二节　特种机器人视频技术 ………………………………………… 20
第三节　特种机器人音频检测技术 …………………………………… 27

模块二　特种机器人的金属结构特性 …………………………………… 36
第一节　工程材料基础 ………………………………………………… 36
第二节　金属材料的强化与处理 ……………………………………… 64
第三节　特种机器人机身材料 ………………………………………… 89

模块三　智慧控制系统 …………………………………………………… 103
第一节　智慧逻辑系统 ………………………………………………… 103
第二节　人机交互 ……………………………………………………… 116
第三节　通信/接口 …………………………………………………… 130

模块四　路径规划 ………………………………………………………… 146
第一节　蚁群算法 ……………………………………………………… 146
第二节　机器人路径规划的蚁群算法设计 …………………………… 151
第三节　蚁群算法实验分析 …………………………………………… 153
第四节　移动机器人导航技术 ………………………………………… 155
第五节　路径规划方法 ………………………………………………… 156
第六节　仿真验证 ……………………………………………………… 170

引 言

机器人技术作为20世纪人类最伟大的发明之一,在制造业和非制造业领域都发挥了重要作用。随着机器人技术的飞速发展和信息时代的到来,新型机器人不断涌现,机器人所涵盖的内容越来越丰富,机器人的定义也在不断完善和创新。近年来,随着科学技术的不断发展,企业采用机器人代替人工劳动已成为必然趋势,促使机器人行业呈现迅猛发展的态势。机器人技术也是各国大力发展的高新技术,是电气与电子工程师协会(IEEE)的科学家预测的未来科技发展方向之一。军事强国美国主攻军事机器人开发,并把机器人项目列为机密性研究。机器人是集机械、电子、控制、传感、人工智能等多学科先进技术于一体的自动化装备。应用机器人系统不仅可以帮助人们摆脱一些危险,还可以在恶劣或难以到达的环境下进行作业(如危险物拆除、扫雷、空间探索、海底探险等),还因机器人具有操作精度高、不知疲倦等特点,故可以减轻人们的劳动强度,提高劳动生产率,改善产品质量。

模块一

特种机器人的技术

学习目标

知识目标：掌握特种机器人的基础知识，包括特种机器人的定义、发展历程、分类及主要应用领域。

能力目标：能讲述特种机器人的发展史、种类及应用范围。

素质目标：培养高尚的职业精神，增强自我学习能力和判断力。

第一节　特种机器人的应用

一　特种机器人的定义

根据《特种机器人　术语》(GB/T 36239—2018)中的基础通用术语，可将特种机器人定义为：应用于专业领域，一般由经过专门培训的人员操作或使用的，辅助和/或替代人执行任务的机器人。

注：特种机器人指除工业机器人、公共服务机器人和个人服务机器人以外的机器人，一般指专业服务机器人，包括水下机器人、飞行机器人、娱乐机器人、军用机器人、农业机器人、机器人化机器等。

二 中国特种机器人的发展史

中国自1972年开始研制工业机器人,为了跟踪国外高技术,1986年把"863计划"列入了智能机器人研究领域,包括水下无缆机器人、高功能装配机器人和各类特种机器人,并进行了智能机器人体系结构、机构、控制、人工智能、机器视觉、高性能传感器及新材料等的应用研究。

20世纪90年代,在国家高技术发展计划的支持下,中国在发展工业机器人的同时,也对非制造环境下应用机器人问题进行了研究,开发了特种应用系列机器人及其相关技术,研制了一些高档样机,开始了应用工程和特种机器人的开发。特种机器人包括管道机器人、爬壁机器人、水下机器人、自动导引车和排险机器人等。中国的深水机器人研究是从60~300 m有缆水下机器人开始的。随着海洋开发事业的发展,一般潜水技术已无法适应高深度综合考察和研究并完成多种作业的需要,故国家对水下机器人给予了极大的关注,并取得了飞跃式的发展。2011年7月26日,中国研制的深海载人潜水器"蛟龙号"成功潜至海面以下5 188 m,标志着中国已经进入载人深潜技术全球先进国家之列。2012年6月24日,"蛟龙号"成功下潜至7 020 m,标志着中国成为世界上第二个深海载人潜水器下潜至7 000 m以下的国家,达到了国际先进水平。近年来,"蛟龙号"多次远航太平洋和印度洋进行长期的深海应用作业,取得了圆满成功。在空间机器人领域,中国在无人飞行系统和月球车方面的研究成果也十分骄人。中国研发的月球车"玉兔号"是一种典型的空间机器人。2013年12月2日1时30分,中国成功地将由着陆器和"玉兔号"月球车组成的"嫦娥三号"探测器送入太空轨道。2013年12月15日4时35分,"嫦娥三号"着陆器与巡视器分离,"玉兔号"巡视器顺利驶抵月球表面。2013年12月15日23时45分,"玉兔号"围绕"嫦娥三号"旋转拍照完成并传回照片,标志着中国探月工程获得了阶段性的重大成果。

在企业应用领域,中信重工开诚智能装备有限公司于2007年研发出中国第一台矿用井下机器人,2016年研发出中国第一台防爆消防侦察机器人。2016年中国第一台铁路列检机器人在开诚智能诞生。中国第一台防爆轮式巡检机器人也是在开诚智能诞生的。

三 特种机器人的分类

国际上通常将机器人分为工业机器人和服务机器人两大类。

工业机器人是集机械、电子、控制、传感、人工智能等多学科先进技术于一体的现代制造业重要的自动化装备。自1962年美国研制出世界上第一台工业机器人以来,机器人技术及其产品发展很快,已成为柔性制造系统(FMS)、工厂自动化(FA)、计算机集成制造系统(CIMS)的自动化工具。

服务机器人是机器人家族中的一个年轻成员,可以分为专业领域服务机器人和个人、家庭服务机器人。服务机器人的应用范围很广,主要从事维护、保养、修理、运输、清洗、保安、救援、监护等工作。

根据《特种机器人 分类、符号、标志》(GB/T 36321—2018)和《特种机器人 术语》(GB/T 36239—2018),可按行业、使用空间、运动方式和功能对特种机器人进行分类。

1.按行业分类

农业机器人:用于农业领域(包括种植业、林业、畜牧业、农副业、渔业等产业)各生产环节的机器人。

电力机器人:在电力行业,用于电力生产、传输、使用等各环节的机器人。

建筑机器人:在建筑行业,用于工程施工、装饰、修缮、检测等环节的机器人。

物流机器人:在仓储、物流、运输行业,用于货物输送、分拣、检测等作业的机器人。

医用机器人:在医疗卫生领域,用于预防筛查、诊断、治疗、手术、医用培训等各环节的机器人。

护理机器人:用于帮助或辅助照料病人、老年人、儿童、残障人士等日常生活的机器人。

康复机器人:用于辅助人体功能障碍或失能人员进行康复评估、康复训练,以实现人体功能恢复、重建、增强等的机器人。

安防与救援机器人:在安保、警用、消防等安全防护领域,用于巡逻、侦察、排爆、处突、灭火、排烟、破拆、洗消、搜救、搬运等功能的机器人。

军用机器人:用于国防军事领域,可以执行战场侦察、武装打击、作战物资输送、通信中继和电子干扰、核生化及爆炸物处理、精确引导与毁伤评估等多种作战任务的机器人。

救援机器人:在危险或救援人员难以开展救援作业的环境中,用于辅助或代替救援人员完成幸存者搜救、环境探测等任务的机器人。

核工业机器人:在核技术应用、核燃料循环等核工业应用领域,用于检查、维护、应急处置、退役等任务的机器人。

矿业机器人:在矿业生产领域,用于地质勘查、矿井(场)建设、采掘、运输、洗选等生产环节以及安全检测等作业的机器人。

石油化工机器人:在石油加工、化学工业等领域,服务于生产、存储、输送、检测、清洗等环节的机器人。

市政工程机器人:在市政工程项目的施工与维保环节,用于设备与设施的安装、检修、维护、保养、检测等作业的机器人。

其他行业机器人:应用于不属于上述行业领域的特种机器人。

2.按使用空间分类

地面机器人:主要包括地面作业机器人、山地作业机器人、极地作业机器人、缆索作业机器人、爬壁作业机器人、滩涂作业机器人等。

地下机器人:主要包括井道作业机器人、管道作业机器人、巷道作业机器人等。

水面机器人:主要包括水面无人艇、海洋救助机器人等。

水下机器人:主要包括潜水机器人、水下滑翔机器人、水底作业机器人等。

空中机器人:主要包括飞行机器人、浮空作业机器人等。

空间机器人:主要包括空间舱内机器人、空间舱外机器人、星球探测机器人及空间飞行机器人等。

其他机器人:在两种(含)以上作业空间使用的机器人,如两栖、三栖机器人等。

3.按运动方式分类

轮式机器人:利用轮子实现移动的移动机器人。

履带式机器人:利用履带实现移动的移动机器人。

足腿式机器人:利用一条或多条腿实现移动的移动机器人。

蠕动式机器人:利用自身蠕动实现移动的移动机器人。

飞行式机器人:利用自身飞行装置飞行移动的移动机器人。

潜游式机器人:利用下潜、游动装置实现下潜游动的移动机器人。

固定式机器人:固定在一定区域内无法自主移动作业的机器人。

喷射式机器人:通过喷射物质产生的反作用力来提供运动能力的机器人。

穿戴式机器人:该类机器人的运动形式是适应人体运动的主被动运动方式。

复合式机器人:同时具备两种及以上运动方式的机器人。

其他运动方式机器人:利用其他方式运动的机器人。

4.按功能分类

特种机器人的功能分类与行业相关,常见的功能主要包括采掘、安装、检测、维护、维修、巡检、侦察、排爆、搜救、输送、诊断、治疗、康复、清洁等。

四 特种机器人的应用领域

1.消防机器人

(1)消防灭火侦察机器人

消防灭火侦察机器人由机器人本体、消防炮和手持遥控终端组成,它使用传感器来感知环境,通过计算机程序,根据环境来控制机器人,并通过人工操作来协助机器人完成所需执行的任务。针对各领域的火灾扑救,这类机器人尤其适用于石化、燃气等易爆环境,对提高救援安全性、减少人员伤亡具有重要意义。消防灭火侦察机器人如图1-1所示。

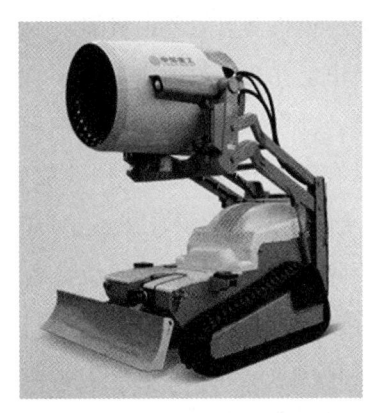

(2)消防排烟灭火机器人

消防排烟灭火机器人是一款智能化多功能消防机器人,它具有排烟、灭火、送风、降温、除尘、清障、环境侦测、图像采集、无线信息传输及爬坡、越障、自行走等功能,能够代替消防人员安全、高效地处理各种事故。这类机器人适用于公(铁)路隧道火灾、地下设施与货场火灾、大跨度空间火灾、石化油库与炼制厂火灾、大面积毒气与烟雾事故以及人员不易接近的火灾扑救等领域,也可在危险化学品灾害事故造成比较严重的环境污染时用于洗消作业。消防排烟灭火机器人如图1-2所示。

图1-1 消防灭火侦察机器人

图1-2 消防排烟灭火机器人

2.侦察巡检机器人

(1)灾区侦测机器人

灾区侦测机器人由机器人本体和防爆计算机组成,它针对具有潜在危险的区域或人员无法进入的区域进行探测,代替抢险人员及时进入现场并实时传回现场数据,为抢险决策者提供决策依据。防爆计算机与灾区侦测机器人之间的通信介质采用1 300 m长的光缆,光缆缠绕在光缆轴上,光缆轴固定在机器人上面,随着机器人的移动自动实现放缆。灾区侦测机器人如图1-3所示。

(2)消防侦察机器人

消防侦察机器人由机器人本体和手持遥控终端组成。它主要用于各领域火灾事故的侦察,尤其适用于石化、燃气等易爆环境,对提高救援安全性、减少人员伤亡具有重要意义。消防侦察机器人如图1-4所示。

图1-3 灾区侦测机器人　　　　图1-4 消防侦察机器人

(3) 矿业巡检机器人

矿业巡检机器人主要由机器人本体、基站、轨道系统和地面工作站组成。机器人本体吊挂在轨道上并在巷道内往复运行,能够完全代替巡检工进行可靠巡检。机器人搭载多种传感器,实时采集现场的图像、声音、红外热像及温度数据、烟雾、多种气体浓度等参数;机器人具有智能识别功能,采用智能感知关键技术算法,能够准确判断设备当前运行状态,并基于大数据分析预警技术,对煤矿设备运行故障超前预判、预警,减少故障停机时间。矿用隔爆兼本安型轨道巡检机器人如图1-5所示。

(4) 防爆轮式巡检机器人

防爆轮式巡检机器人主要由机器人本体、无线基站、自主充电装置及远程控制站组成。广泛应用于Ⅱ类爆炸环境中,可代替巡检人员进行设备及环境巡检,能够减轻巡检人员的劳动强度,降低巡检过程中存在的安全隐患,同时提升巡检质量,最大限度地提高石化企业的本质安全水平。防爆轮式巡检机器人如图1-6所示。

图1-5 矿用隔爆兼本安型轨道巡检机器人　　　　图1-6 防爆轮式巡检机器人

3. 矿用机器人

(1) 井下运输安全预警机器人

井下运输安全预警机器人可用于斜井绞车和无极绳绞车等系统。它通过传感器与视觉分析相结合的检测手段,能够实时监测人员入侵及巷道异物,发现异常及时报警;通过无线通信,将巷道沿线的图像上传到操控室,保证绞车司机能够清晰、直观地察看运输沿途的情况,避免盲目开车,防患于未然;与绞车电控系统联动,保障斜巷提升系统安全、稳定运行。井下运输安全预警系统由井下运输安全预警机器人、矿用隔爆兼本安型计算机、无线基站组成。井下运输安全预警机器人如图1-7所示。

(2)选矸机器人

选矸机器人是将待选原煤通过原煤供给系统平铺到平面皮带运输机上,采用视频分析和大数据智能识别手段,对煤与矸石进行数字化识别,再通过高压气源分拣执行机构精准、高效地对50～300 mm粒级煤与矸石进行筛选,在实际生产中可以根据生产产品指标要求,灵活调配煤与矸石的分拣,达到效益最大化。选矸机器人能够替代原有人工捡矸的工作方式,降低工人的劳动强度,减小职业危害;提高煤炭利用率和企业生产率,以此达到利润最大化。选矸机器人能够对矸石进行自动识别、分拣,并进行自动分流处理,通过数据远程监测和管理,实现真正意义上的自动化生产。选矸机器人如图1-8所示。

图1-7　井下运输安全预警机器人　　　　　图1-8　选矸机器人

4.医用机器人

医用机器人是指用于医院、诊所的医疗或辅助医疗的机器人。它能独自编制操作计划,依据实际情况确定动作程序,然后把动作变为操作机构的运动。其主要研究内容包括医疗外科手术的规划与仿真、机器人辅助外科手术、最小损伤外科手术、临场感外科手术等。美国已开展临场感外科手术的研究,用于战场模拟、手术培训、解剖教学等。法国、英国、意大利、德国等国家联合开展了图像引导型矫形外科计划、袖珍机器人计划以及用于外科手术的机电手术工具等项目的研究,并已取得一些成效。

医用机器人种类很多,按照其用途不同,可分为运送药品机器人、移动病人机器人、临床医疗机器人、助残机器人、护理机器人和医用教学机器人等。

(1)运送药品机器人

运送药品机器人可代替护士送饭、送病例和化验单等,较为著名的有美国TRC公司的Help Mate机器人。

(2)移动病人机器人

移动病人机器人主要帮助护士移动或运送瘫痪和行动不便的病人,如英国的PAM

机器人。

(3) 临床医疗机器人

临床医疗机器人包括外科手术机器人和诊断与治疗机器人。图1-9所示的机器人是一台能够为患者治疗中风的临床医疗机器人，它能够通过互联网将医生和患者的信息进行交互。有了这种机器人，医生无须和患者面对面就能进行就诊治疗。

(4) 助残机器人

助残机器人又叫康复机器人，它可以帮助残疾人恢复独立生活能力。图1-10所示的机器人是一款新型助残机器人，它是由美国军方专门为受伤致残而失去行动能力的士兵设计的，它将受伤士兵的下肢紧紧地包裹在机器人体内，通过感知士兵的肢体运动来行走。

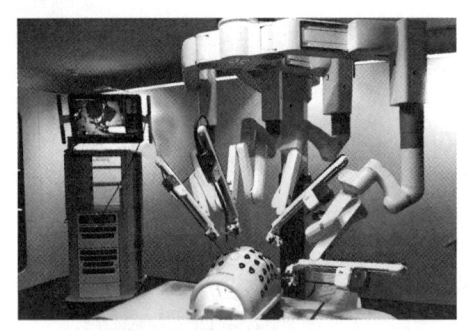

图1-9 临床医疗机器人　　　　图1-10 助残机器人

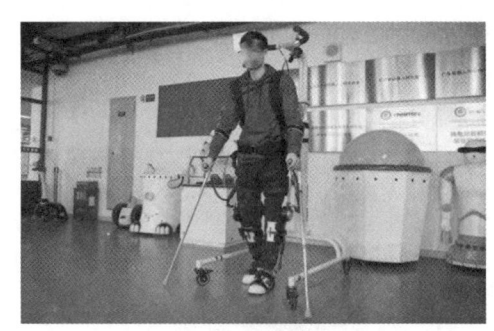

(5) 护理机器人

护理机器人是英国科学家正在研发的一种机器人，它能用来分担护理人员繁重琐碎的护理工作。新研制的护理机器人将帮助医护人员确认病人的身份，并准确无误地分发所需药品。未来护理机器人还可以检查病人体温、清理病房，甚至通过视频传输帮助医生及时了解病人的病情。

(6) 医用教学机器人

医用教学机器人是理想的教具。美国医护人员目前使用一种名为"诺埃尔"的教学机器人，它可以模拟即将生产的孕妇，甚至还可以说话和尖叫。通过模拟真实接生，有助于提高妇产科医护人员的手术配合能力和临场反应能力。

5. 农业机器人

农业机器人是应用于农业生产的机器人的总称。近年来，随着农业机械化的发展，农业机器人正在发挥越来越重要的作用，已经投入应用的有西红柿采摘机器人(图1-11)、林木球果采摘机器人(图1-12)、嫁接机器人(图1-13)、伐根机器人(图1-14)、收割机器人、喷药机器人等。

图 1-11　西红柿采摘机器人　　　　　　图 1-12　林木球果采摘机器人

图 1-13　嫁接机器人　　　　　　　　　图 1-14　伐根机器人

6.建筑机器人

建筑机器人是应用于建筑领域的机器人的总称。随着全球建筑行业的快速发展,劳动力成本的上升,建筑机器人迎来了发展机遇。日本已研制出 20 多种建筑机器人,如高层建筑抹灰机器人、预制件安装机器人、室内装修机器人、地面抛光机器人、擦玻璃机器人等,并已投入实际应用。美国正在进行管道挖掘和埋设机器人、内墙安装机器人等的研制,并开展了传感器、移动技术和系统自动化施工方法等基础研究。图 1-15 所示为玻璃幕墙清洗机器人,图 1-16 所示为管道清洗机器人。

图 1-15　玻璃幕墙清洗机器人　　　　　图 1-16　管道清洗机器人

建筑机器人可以 24 h 工作,长时间保持一个特殊姿势而不"疲倦"。建筑机器人建起

的房子质量更好,可以抵御恶劣的天气。美国 Construction Robotics 公司推出了一款名为"半自动梅森"(SAM100)的砌砖机器人(图 1-17),它每天可砌 3 000 块砖,而一个工人一般每天只能砌 250~300 块砖。

澳大利亚开发的全自动商用建筑机器人 Hadrian X(图 1-18)可以进行 3D 打印和砌砖,其每小时的铺砖量可达 1 000 块。Hadrian X 不采用传统水泥,而是采用建筑胶来黏合砖块,从而大大提升了建筑的速度、强度,并可强化结构的最终热效应。

图 1-17 砌砖机器人 SAM100 　　　　图 1-18 建筑机器人 Hadrian X

2017 年 4 月,美国麻省理工学院的研究团队开发了一种全新的数字建设机台(图 1-19),它可以利用 3D 打印技术"打印"建筑。该机器人使用的建筑材料是泡沫和混凝土的混合物,壁与壁之间留有空隙,可嵌入线路及管道。该机台最底部的装置就像装有坦克履带的探测车一样,上面有两只机械手臂,手臂的末端还装有喷嘴。

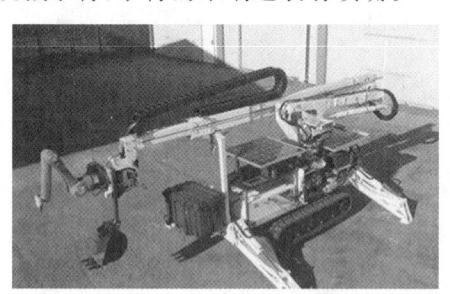

图 1-19 数字建设机台

图 1-20 所示为在美国宾夕法尼亚州的一个桥梁项目上试用的捆绑钢筋的机器人。图 1-21 所示的 Husqvarna DXR 系列遥控拆迁机器人具有功率大、质量轻等特点,工人可对其进行远程操作,而不需要进入危险的拆迁场地中。

图 1-20 捆绑钢筋的机器人 　　　　图 1-21 遥控拆迁机器人

7. 娱乐机器人

娱乐机器人以供人观赏、娱乐为目的，可以像人、某种动物、童话或科幻小说中的人物等。娱乐机器人可以行走或完成动作，可以有语言能力，会唱歌，有一定的感知能力，如机器人歌手、足球机器人、玩具机器人、舞蹈机器人等。

娱乐机器人主要使用了超级 AI 技术、超炫声光技术、可视通话技术、定制效果技术等。AI 技术为机器人赋予了独特的个性，通过语音、声光、动作及触碰反应等与人交互；超炫声光技术通过多层 LED 灯及声音系统呈现超炫的声光效果；可视通话技术通过机器人大屏幕、麦克风及扬声器与异地实现可视通话；定制效果技术可根据用户的不同需求，为娱乐机器人增加不同的应用效果。

图 1-22 所示的霹雳舞机器人是由英国机器研究公司（RM）的工程师开发研制的，它不仅能在课堂上成为孩子们的帮手，帮助孩子们学习，还能通过计算机设定好的程序来控制身上多个关节的活动，从而做出各种类似人类跳舞的动作。

图 1-23 所示为由一家名为 Speecys 的日本初创公司研发的一款女性机器人。这款机器人除了长相甜美之外，还能完成各种舞蹈、手势动作。除此之外，Speecys 公司还给她安上了一个人工智能大脑，使其能够和人类进行语言和肢体上的多重沟通。

图 1-22 霹雳舞机器人　　　　　图 1-23 女性机器人

8. 军用机器人

军用机器人是一种用于军事领域（侦察、监视、排爆、攻击、救援等）的具有某种仿人功能的机器人。近年来，美国、英国、法国、德国等国已研制出第二代军用智能机器人，其特点是采用自主控制方式，能完成侦察、作战和后勤支援等任务，具备看、嗅和触摸能力，能够实现地形跟踪和道路选择，并且具有自动搜索、识别和消灭敌方目标的功能，如美国的 Navplab 自主导航车、SSV 半自主地面战车，法国的自主式快速运动侦察车，德国 MV4 爆炸物处理机器人等。按照军用机器人的工作环境，可将其分为地面军用机器人、水下军用机器人、空中军用机器人和空间军用机器人等。

(1)地面军用机器人

地面军用机器人主要是指在地面上使用的机器人系统,它不仅可以完成要地保安任务,还可以代替士兵执行运输、扫雷、侦察和攻击等各种任务。地面军用机器人种类繁多,主要有作战机器人(图1-24)、排爆机器人(图1-25)、扫雷车、机器保安、机器侦察兵(图1-26)等。

图1-24 作战机器人 　　　　图1-25 排爆机器人 　　　　图1-26 机器侦察兵

(2)水下军用机器人

潜水器分为有人潜水器和无人潜水器两大类。有人潜水器机动灵活,便于处理复杂的问题,但人的生命可能会有危险,而且价格昂贵。无人潜水器即水下机器人。按照水下机器人与水面支持设备(母船或平台)间联系方式的不同,可将其分为两种:一种是有缆水下机器人,习惯上把它称为遥控潜水器,简称 ROV;一种是无缆水下机器人,习惯上把它称为自治潜水器,简称 AUV。有缆水下机器人都是遥控式的,按其运动方式分为拖曳式、(海底)移动式和浮游(自航)式三种。无缆水下机器人只能是自治式的,只有观测型浮游式一种运动方式,但它的应用前景是非常广阔的。目前各国都在开发各种用途的水下军用机器人,图1-27 所示为美国 SeaBotix 公司研制的 LBV 300 有缆水下机器人,图1-28所示为我国研制的 KC-ROV 水下机器人。

图1-27 LBV 300 有缆水下机器人 　　　　图1-28 KC-ROV 水下机器人

(3)空中军用机器人

空中军用机器人又叫无人机。在军用机器人家族中,无人机是科研活动最频繁、技术进步最大、研究及采购经费投入最多、实战经验最丰富的机器人。从第一台自动驾驶仪问世以来,无人机的发展基本上是以美国为主线向前推进的,无论是技术水平,还是种类和数量,美国均居世界首位。

无人机被广泛应用于侦察、监视、预警、目标攻击等领域,如图1-29、图1-30所示。随着科技的发展,无人机的体积越来越小,产生了微机电系统集成的产物——微型飞行器。微型飞行器被认为是未来战场上重要的侦察和攻击武器,能够传输实时图像或执行其他任务,具有足够小的尺寸(小于20 cm)、足够大的巡航范围(不小于5 km)和足够长的飞行时间(不少于15 min)。

图1-29 "全球鹰"无人机

图1-30 机械蜻蜓

9.空间机器人

空间机器人是一种低价位的轻型遥控机器人,可在行星的大气环境中导航及飞行。为此,它必须克服许多困难,例如,它要在一个不断变化的三维环境中运动并自主导航;几乎不能停留;必须实时确定在空间的位置及状态;要对垂直运动进行控制;要为星际飞行做出预测及规划路径。目前,美国、俄罗斯、加拿大等国已研制出各种空间机器人,如美国研制的火星机器人(图1-31)、月球探测机器人(图1-32)、国际空间站机器人(图1-33)等。图1-34所示为在进行沙漠的实验中国月球车"玉兔二号"。

图1-31 火星机器人

图1-32 月球探测机器人

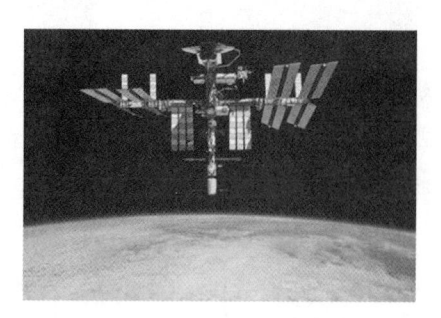

图 1-33 国际空间站机器人 　　　　图 1-34 "玉兔二号"月球车

10. 灾难救援机器人

近些年来,世界上许多国家从国家安全战略的角度考虑,研制出各种反恐防爆机器人、灾难救援机器人等危险作业机器人,用于灾难的防护和救援。同时,由于救援机器人有着潜在的应用市场,一些公司也介入了救援机器人的研究与开发。国外搜救机器人的研究成果具有很强的前沿性,国内搜救机器人的研究更加侧重于应用领域。

日本电气通信大学研发的 KOHGA2 搜救机器人(图 1-35)是一种可通过多单元进行组合的模块化机器人,该机器人可以进入狭小的废墟空间进行幸存者的搜索。采用多个单元进行组合,增加了机器人运动的自由度,不仅能有效防止机器人在废墟内被卡,还可增强机器人翻越沟壑和越障的能力。

日本神户大学及日本国家火灾与灾难研究所共同研发的针对核电站事故的救援机器人如图 1-36 所示,设计它的目的是让其进入受污染的核能机构的内部将昏厥者转移至安全的地方。这种机器人系统是由一组小的移动机器人组成的,作业时首先通过小的牵引机器人调整昏厥者的身体姿势以便搬运,接着用带有担架结构的移动机器人将人转移到安全的地带。

图 1-35 KOHGA2 搜救机器人 　　　　图 1-36 针对核电站事故的救援机器人

日本千叶大学和日本精工爱普生公司联合研发的微型飞行机器人 μFR 如图 1-37 所示,其外观像直升机,采用了世界上最大的电力/重量输出比的超薄超声电动机,总质量只有 8.9 g,因具有使用线性执行器的稳定机械结构,故可以在半空中平衡。μFR 可以应用在地震等自然灾害中,它可以非常有效地测量现场以及危险地带和狭窄空间的环境,还可以有效地防止二次灾难。

图 1-37 微型飞行机器人 μFR

美国南佛罗里达大学研发的可变形机器人 Bujold 如图 1-38 所示,这种机器人装有医学传感器和摄像头,底部采用可变形履带驱动,可以变成三种结构:坐立起来面向前方、坐立起来面向后方和平躺姿态。Bujold 具有较强的运动能力和探测能力,它能够进入灾难现场获取幸存者的生理信息以及周围的环境信息。

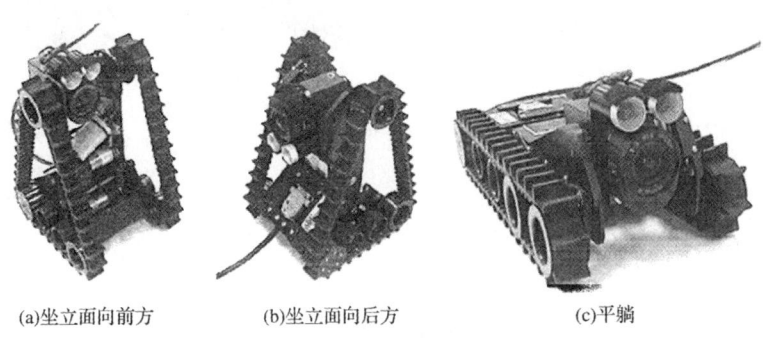

(a)坐立面向前方　　(b)坐立面向后方　　(c)平躺

图 1-38 可变形机器人 Bujold

图 1-39 所示为美国国家航空航天局(NASA)研制的机器人 RoboSimian,它拥有敏捷灵活的四肢,可采用四足方式进行运动,能够适应多种复杂的地震废墟环境,在废墟环境下具有很好的运动能力,并具有很强的平衡能力,同时装有多个摄像头,能够获取丰富的外界环境信息。

图 1-39 机器人 RoboSimian 　　图 1-40 四肢机器人 CHIMP

美国卡内基梅隆大学研制的四肢机器人CHIMP(图1-40)是一种轮足复合的移动机器人,该机器人的四肢装有履带机构,可以采用履带机器人的运动方式在崎岖路面上运动,又可以采用四肢爬行的方式进行运动。它的四肢顶端装有三指操纵器,能够抓握物体,四肢机构和三指操纵器配合工作,可以爬梯子、移动物体。它的每个关节都可以被操作人员进行远程控制,同时该机器人具有预编程序,能够执行预设的任务,操作人员下达高级指令,机器人进行低级反射,并能进行自我保护。该机器人具有很强的复杂环境适应能力、运动能力和操作能力,在灾难救援领域具有很大的应用潜力。

美国iRobot公司生产的机器人PackBot(图1-41)是一种具有前摆臂和机械手结构的履带式搜救机器人,该机器人原本为军用安防机器人,"9·11"事件发生后,该机器人被部署到世贸中心受损的建筑物中执行幸存者搜救任务,搜救出多名幸存者。该机器人头部装有摄像机,可以在崎岖的地面上导航,且可以改变观察平台的高度。其底盘装有全球定位系统(GPS)、电子指南针和温度探测器,同时还搭载了声波定位仪、激光扫描仪、微波雷达等多种传感器以感知外部环境信息和自身状态信息。目前,该机器人已开发出基于安卓系统的便携式移动控制平台。

图1-41 机器人PackBot

图1-42所示为美国霍尼韦尔公司研发的垂直起降的微型无人机RQ-16A T-Hawk,这款无人机质量为8.4 kg,能持续飞行40 min,最大速度为130 km/h,最大飞行高度为3 200 m,最大可操控范围半径为11 km,适合背包部署和单人操作。该无人机可以用于灾难现场的环境监测,它已经被应用在2011年日本福岛核事故的调查中,帮助人们更好地判断放射性物质泄漏的位置并进行处理。

图1-43所示为德国人工智能研究中心研发的轮腿混合结构的机器人ASGuard,其设计灵感来源于昆虫的移动,特殊的机械结构使得该机器人非常适合城市灾难搜索和救援,尤其在攀爬楼梯方面具有天然的优势。

图1-42 微型无人机RQ-16A T-Hawk

图1-43 轮腿混合结构的机器人ASGuard

图 1-44 所示为韩国大邱庆北科学技术院研发了一种便携式火灾疏散机器人，其设计的目的是深入火灾现场收集环境信息，寻找幸存者，并且引导被困者撤离火灾现场。该机器人由铝合金制品压铸而成，具有耐高温和防水功能，并且具有一个摄像机以捕捉火灾现场的环境信息，还具有多种传感器以检测温度、一氧化碳和氧气的浓度，另还具有扬声器以用来与被困者进行交流。

图 1-45(a) 所示为中国科学院沈阳自动化研究所研发的可变形灾难救援机器人的外观，它具有 9 种运动构型和

图 1-44 便携式火灾疏散机器人

3 种对称构型，具有直线型、三角型和并排型等多种形态（图 1-45b），能够通过多种形态和步态来适应环境和任务的需要，可以根据使用目的安装摄像头、生命探测仪等不同的设备。可变形灾难救援机器人在 2013 年四川省雅安市芦山县地震救援中进行了首次应用（图 1-45c），在救援过程中，其任务是对废墟表面及废墟内部进行搜索，为救援队提供必要的数据以及图像支持信息。

(a)机器人外观　　　(b)机器人形态　　　(c)现场救灾

图 1-45 可变形灾难救援机器人及其应用

加拿大 Inuktun 公司研制的 MicroVGTV 机器人（图 1-46）是一种履带可变形的灾难搜救机器人，该机器人的履带可通过机械装置改变整体结构，以适应不同的环境，在复杂环境下具有很强的运动能力。该机器人采用电缆控制，装有摄像头，可以采集废墟环境中的图像信息，并带有微型话筒和扬声器，能对废墟内的声音信号进行监听，可以与废墟中的幸存者进行通话。

中国科学院沈阳自动化研究所研制了一种废墟搜救机器人（图 1-47），该机器人是一种具有前后摆臂和前端起缝装置的履带驱动式移动机器人，主要用于废墟表面执行起缝作业。该机器人的起缝装置采用液压驱动，最大起缝质量为 1 200 kg，在废墟搜救工作中可以起到很好的辅助作用。

(a)平躺状态　　　　　(b)半直立状态　　　　　(c)直立状态

图1-46　履带可变形的灾难搜救机器人

上海大学研制了一种主动介入式废墟缝隙搜救机器人，该机器人是一种具有柔性本体的自动推进系统，由主动段和被动段两部分组成；主动段具有3个自由度，可实现机器人的推进与姿态控制；被动段可以扩展延长，内部装有通信线路和电源线路，起到通信的作用。该机器人装有LED灯、摄像头、麦克风与扩音器，可进行废墟内的照明与音频通信，获取废墟内部的环境信息。同时，该机器人装有温度传感器和二氧化碳浓度传感器等设备，可探测废墟内部的空气状态信息。独特的机构设计使得该机器人在废墟缝隙环境中具有很强的移动能力，应用前景十分广阔。

中国科学院沈阳自动化研究所研制了一种旋翼飞行机器人（图1-48），它能够克服复杂的大气环境，具有灵巧、轻便、稳定等特点。在灾难救援工作中，该机器人能够从空中获取灾难现场的真实状况，进行搜索、排查和路况监控等，并向地面救援人员传送图片和视频数据，辅助救援工作的部署与决策。

图1-47　废墟搜救机器人 　　　　　图1-48　旋翼飞行机器人

第二节　特种机器人视频技术

一　视频分析原理

如图1-49所示，视频分析主要利用摄像机等视频采集设备，采集现场的真实数据，并

运用数字图像处理等技术,实时发现并监测视野中的目标,同时通过其智能化识别算法判断被监测的目标的行为是否存在安全威胁,对已经出现或将要出现的安全威胁发出报警信息,及时将报警信息传入本地客户端及综合管理平台。

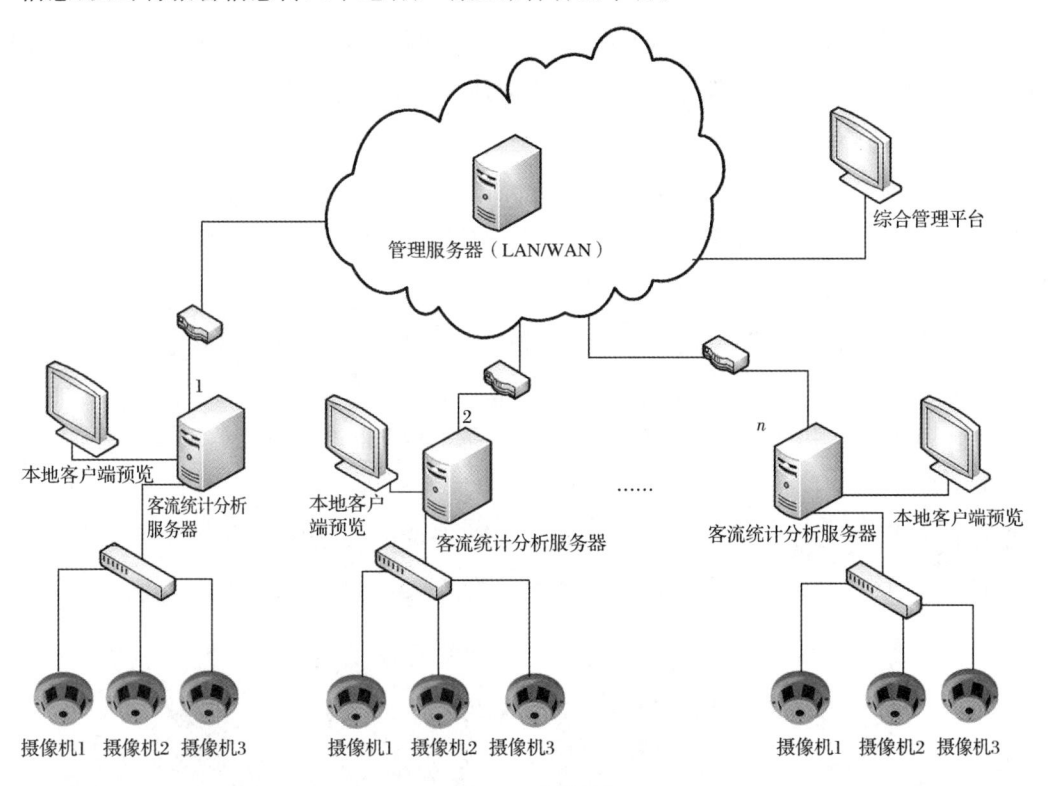

图 1-49　监控平台

传统的视频分析方法主要利用数字图像处理技术。在数字图像处理中,一幅图像可定义为一个二维函数 $f(x,y)$,其中,x 和 y 是空间(平面)坐标,在 $x-y$ 平面中的任意一对空间(平面)坐标 (x,y) 上的幅值 f 称为该点图像的灰度、亮度或强度。

如图 1-50 所示,数字图像处理技术主要包括数字图像处理、数字图像分析和数字图像识别三个方面,其核心是对数字图像中所包含的信息的提取及其相关的辅助过程。

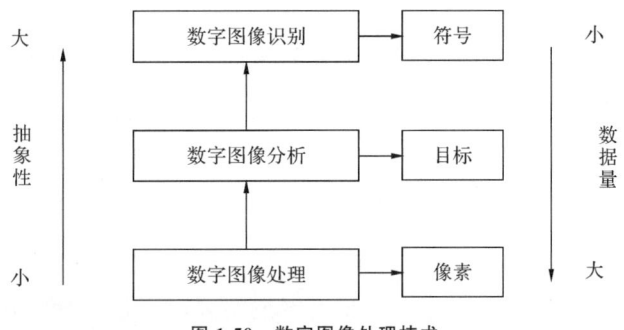

图 1-50　数字图像处理技术

数字图像处理是指使用计算机对量化的数字图像进行处理,通过对图像进行加工来改善图像的外观,是对图像的修改和增强。

数字图像分析是指对图像中感兴趣的目标进行检测和测量,以获得客观的信息,通常是将一幅图像转化为另一种非图像的抽象形式,例如图像中某物体的尺寸、目标对象的计数等一系列与目标相关的图像特征,这一概念的外延包括边缘检测、图像分割、特征提取以及几何测量与计数等。

数字图像识别主要研究图像中各目标的性质和相互关系,识别出目标对象的类别,从而理解图像的含义。这往往囊括了使用数字图像处理技术的很多应用项目,如光学字符识别、产品质量检测、人脸检测、自动驾驶等。

总之,从数字图像处理到数字图像分析,再到数字图像识别的过程,是一个将所含信息抽象化,尝试降低信息熵值,提炼有效数据的过程。

然而,手工选取特征费力且需要专业知识,选取的效果很大程度上需要靠经验,而且其调节需要大量的时间,这就导致数字图像处理技术在解决某些变化的特征的问题以及一些复杂背景的应用中遇到了瓶颈,检测效果不佳,且受光线以及成像效果的影响较大,例如,图 1-51 所示为巡检类机器人油渍的检测及大场景中目标的检测。

(a)   (b)

图 1-51 巡检类机器人油渍的检测及大场景中目标的检测

1981 年的诺贝尔生理学或医学奖获得者发现了视觉系统的信息处理:可视皮层是分级的。其原理如下:

从原始信号摄入开始(瞳孔摄入像素),接着进行初步处理(大脑皮层某些细胞发现边缘和方向),然后抽象(大脑判定眼前物体的形状),然后进一步抽象(大脑进一步判定该物体)。对于不同的物体,人类视觉也是通过这样逐层分级来进行认知的。

最底层的特征基本是类似的,即各种边缘,越往上,越能提取出此类物体的一些特征,到最上层,不同的高级特征最终组合成相应的图像,从而能够让人类准确地区分不同的物体。

模仿人类大脑的这个特点,构造多层的神经网络,较低层的识别初级的图像特征,若干底层特征组成更上一层特征,最终通过多个层级的组合,在顶层做出分类。这也是许多深度学习算法的灵感来源。

图像检测识别领域最常用的神经网络——卷积神经网络,就是源自上述内容。

二 视频分析的应用

目前,视频分析在日常生活的各个领域有着广泛的应用:

(1)安防领域:入侵识别、人脸检测、烟雾检测(图 1-52)、火焰检测、城市交通监控(图 1-53)。

图 1-52 烟雾检测

图 1-53 城市交通监控

(2)工业检测:产品缺陷检测、尺寸检测、数量检测、字符条形码检测等,如图 1-54~图 1-57 所示。

(a)　　　　(b)

图 1-54 产品缺陷检测

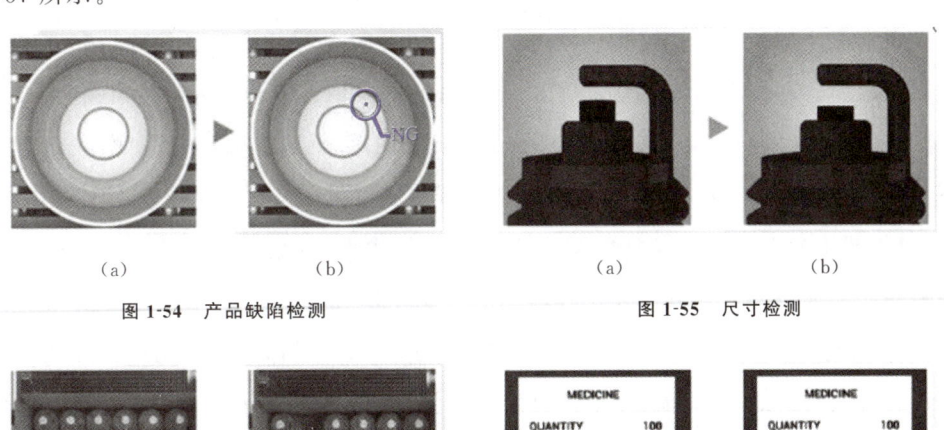

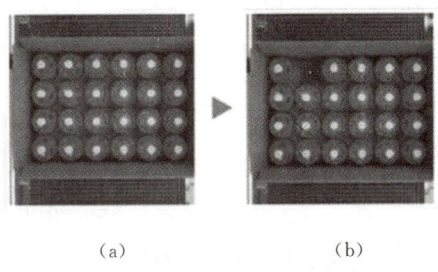

(a)　　　　(b)

图 1-55 尺寸检测

(a)　　　　(b)

图 1-56 数量检测

(a)　　　　(b)

图 1-57 字符条形码检测

(3)医疗诊断:医疗影像辅助诊断、出血观察、血液细胞自动分类计数、染色体分析。

(4)军事领域:航空着陆姿势、起飞状态、弹道/火箭喷射、火炮发射等。

(5)其他领域:无人驾驶(图1-58)、生活娱乐等。

图1-58 无人驾驶

三 机器人产品的应用

视频分析随着人工智能AI领域的快速发展,将成为人类世界的一项重大变革:

(1)进入大规模商用阶段,全面进入消费级市场:市面上的一些手机也采用了人工智能技术实现面部识别等功能,一些服务机器人等产品也普遍被人们接受。

(2)基于深度学习的认知能力将达到人类专家顾问水平,就像人类专家顾问的水平很大程度上取决于服务客户的经验一样,基于深度学习的视频分析的经验就是数据以及处理数据的经历。随着使用的人越来越多,未来在某些领域有望达到人类专家顾问的水平。

(3)实用主义倾向显著,未来将成为一种可购买的智慧服务:越来越多的医疗机构采用视频分析诊断疾病,越来越多的汽车制造商开始使用视频分析技术研发无人驾驶汽车。

(4)将严重冲击劳动密集型产业,改变全球经济生态,将会有越来越多的行业被机器人所替代。例如,Knightscope公司目前已和包括中国在内的多个国家签约使用其公司生产的K5监控机器人,K5主要用于商场、停车场等公共场所,可以自动巡逻并能够识别人脸和车牌。再比如,在物流行业,目前大多数企业都实现了无人仓库管理和机器人自动分拣货物,接下来无人配送车、无人机也很有可能取代一部分物流配送人员的工作。

1.石化场站轮式巡检机器人

石化场站轮式巡检机器人的目标检测识别,利用深度学习在复杂的背景环境中准确定位标牌,通过识别标牌的数字编号确定每个目标的类别属性,并根据标牌与目标的先验位置关系,确定目标在图像中的位置;针对不同的目标类型采用不同的智能识别算法,包括传统的图像处理技术和前沿的深度学习技术。

应用：仪表类识别读数，阀门状态识别，液位计、油镜、油杯等液位识别，油渍渗漏以及红外检测等。

（1）机械类仪表等目标物体，其特征形态较为统一，采用数字图像处理技术进行读数识别。首先从仪表图像中提取指针，并计算指针的角度，然后根据刻度量程计算仪表读数，如图 1-59 所示。

特点：准确率高，误差小，计算速度快（达到毫秒级）。

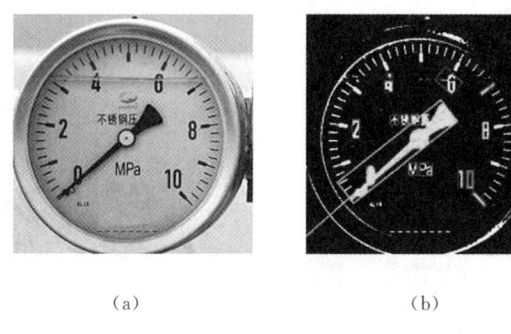

(a)   (b)

图 1-59　根据刻度量程计算仪表读数

（2）如图 1-60 所示，由于受光照和油液存储时间等因素的影响，导致油镜、油杯等目标成像效果差别较大，难以设定一个统一的特征去检测液位，因此利用深度学习，通过训练大量样本，得到识别模型，自动检测液位以及红色限位。

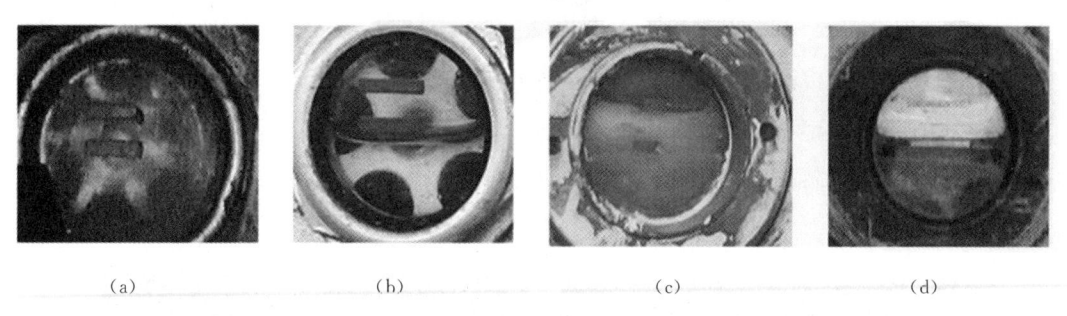

(a)   (b)   (c)   (d)

图 1-60　油镜、油杯

当前能够检测的主要问题包括：仪表读数超限报警，液位计、油镜、油杯等目标液位超限报警，阀门开关状态报警，指示灯状态报警，油渍渗漏报警等；后期要添加的报警功能包括：火焰报警检测、烟雾报警检测、行人入侵报警检测、动物入侵报警检测等。

特点：

（1）采用智能化算法，结合传统图像处理技术与前沿的深度学习技术，取长补短，获得最优检测结果。

(2)自动学习目标特征,不断优化检测模型。

(3)识别结果准确率高。

(4)计算速度快,可以达到毫秒级。

(5)代替人工巡检,避免人为因素误检。

2.矿用轨道巡检机器人

应用:皮带跑偏检测,水泵房仪表检测,矸石、锚杆检测等。

如图1-61所示为皮带跑偏检测,利用数字图像处理技术,首先检测是否有皮带,然后在皮带边缘处检测托辊,根据托辊有无和托辊露出的长度判断皮带是否跑偏。

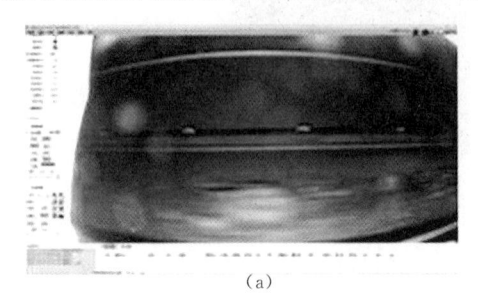

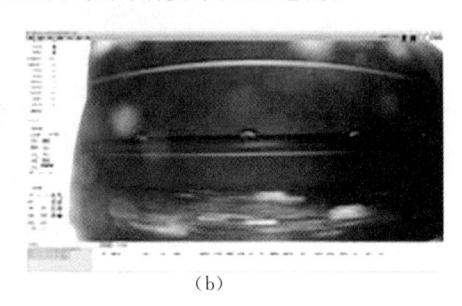

(a)   (b)

图1-61 皮带跑偏检测

特点:

(1)皮带跑偏检测:皮带在高速运行的情况下,能准确定位托辊,计算速度快,可达到毫秒级,满足了实时性要求;能够适应巷道内照明低、背景复杂等恶劣条件,适应性强,能够及时检测皮带跑偏并报警,避免重大事故发生。

(2)水泵房仪表检测:实现不停车、不间断巡检,巡检时间快。

(3)矸石、锚杆检测(图1-62):采用固定值守的方式,实时监测;采用工业相机,帧率高,成像清晰;能准确检测矸石、锚杆并进行报警,避免皮带漏斗堵塞,影响生产,避免划伤皮带,造成经济损失。

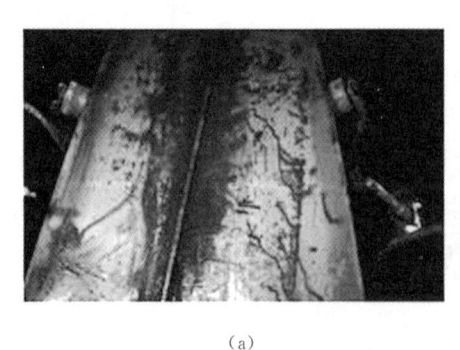

(a)   (b)

图1-62 矸石、锚杆检测

第三节　特种机器人音频检测技术

一　音频分析原理

1.音频信号概述

音频是多媒体技术中的一种,由于音频信号是一种连续变化的模拟信号,而计算机只能处理和记录二进制的数字信号,因此音频信号必须经过一定的变化和处理,变成二进制数据后才能送到计算机进行编辑和存储。

机械振动引起周围弹性媒质发生波动,产生声波。产生声波的物体为声源(如人的声带、乐器等),声波传到人耳,经过人类听觉系统的感知就是声音。声波在时间和幅值上都是连续的,称为模拟音频信号。声波可以分解为一系列正弦波的线性叠加。

(1)声音信号的物理特性

①频率:单位时间内声源振动的次数称为声源的频率 f,单位为赫兹(Hz)。

②频带的宽度:组成复合信号的频率范围,如图 1-63 所示。

③声音的特征:梅尔频率倒谱系数(Mel Frequency Cepstral Coefficents,MFCC)是一种在自动语音识别中广泛使用的特征。

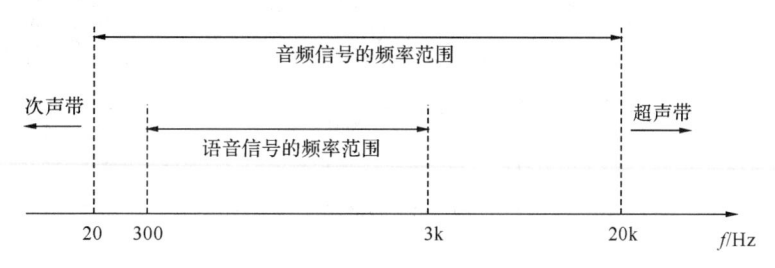

图 1-63　复合信号频率范围

(2)频谱

如图 1-64 所示,语音信号被分为很多帧,每帧语音信号都对应一个频谱(通过快速傅立叶变换 FFT 计算得到),频谱表示频率与振幅的关系。

图 1-64 频谱(1)

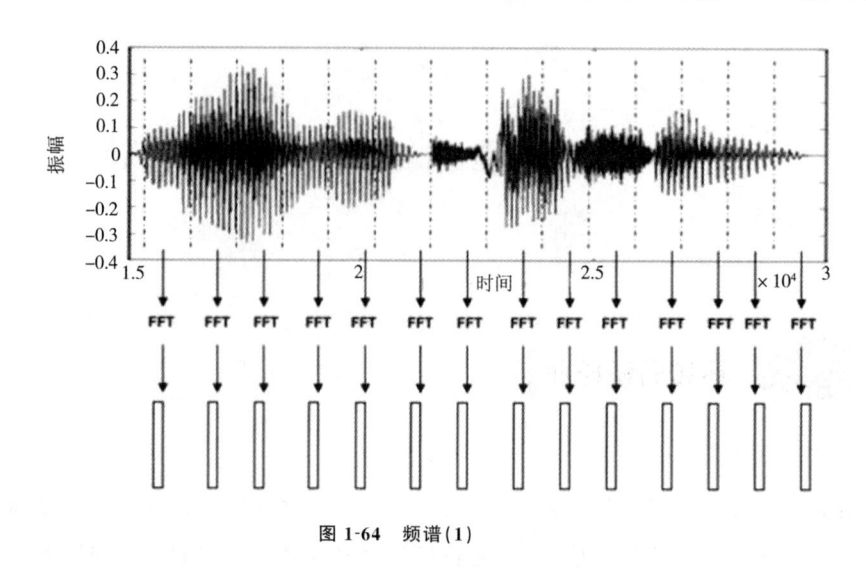

将其中一帧语音信号的频谱通过坐标表示出来,如图 1-65 所示,将图 1-65(a)所示的频谱沿逆时针方向旋转 90°,得到图 1-65(b),再把振幅映射到一个灰度级表示,得到图 1-65(c)。

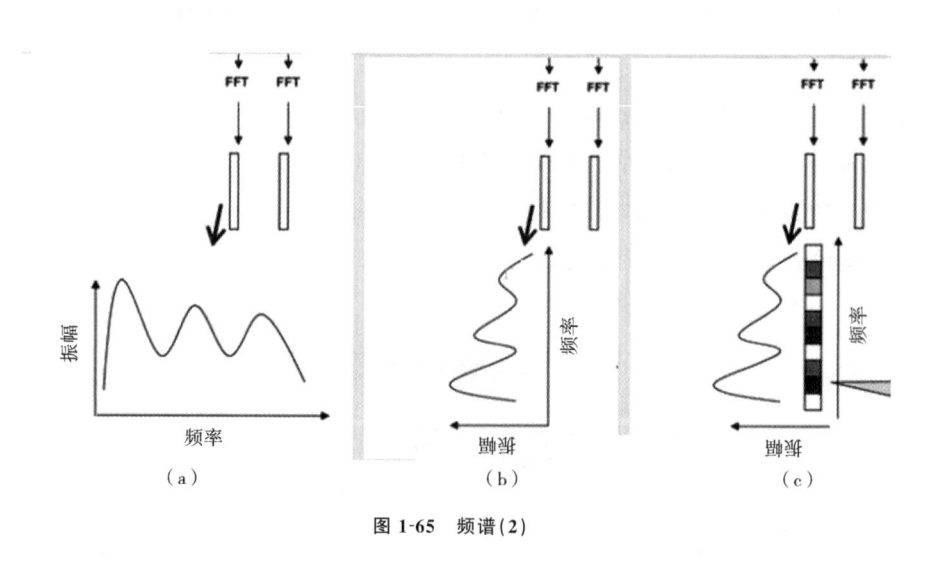

图 1-65 频谱(2)

同理,可得到一段语音随时间变化的频谱,如图 1-66 所示。

图 1-66 频谱(3)

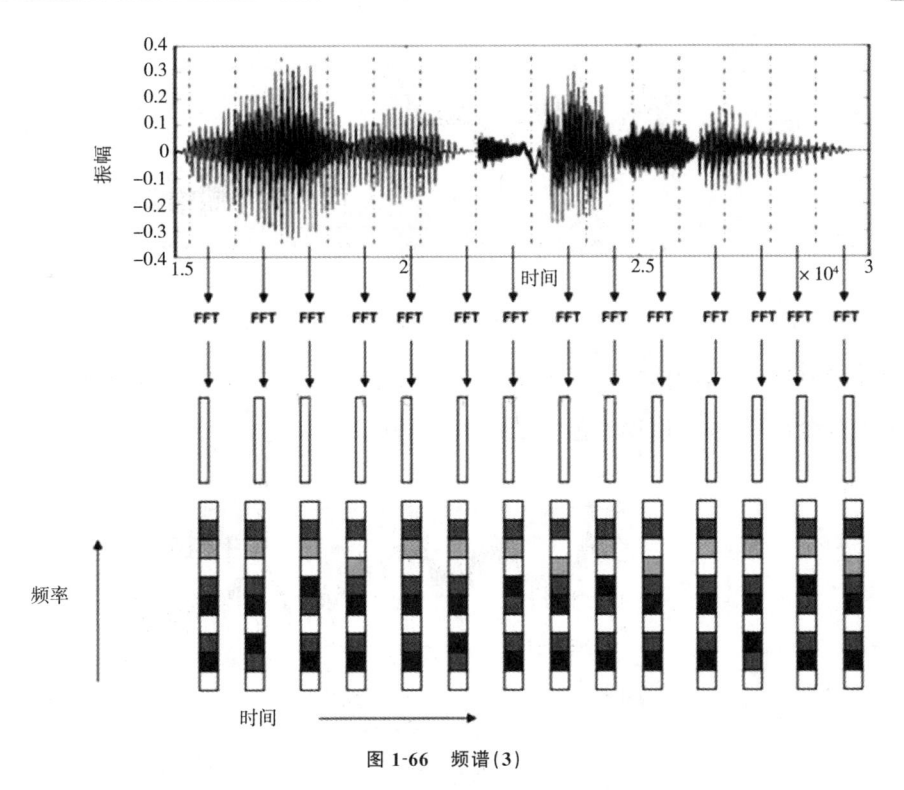

(3) 共振峰

如图 1-67 所示,峰值表示语音信号的主要频率成分,这些峰值称为共振峰。共振峰带有声音的辨识属性,用它可以识别不同的声音。

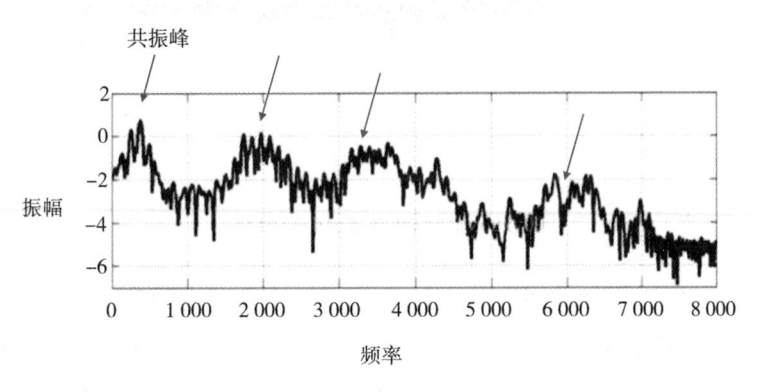

图 1-67 共振峰

(4) 包络

如图 1-68 所示,若把共振峰提取出来,不仅要提取共振峰的位置,还要提取其转变的过程,即频谱的包络。包络是一条连接所有共振峰点的平滑曲线。

图 1-68 包络

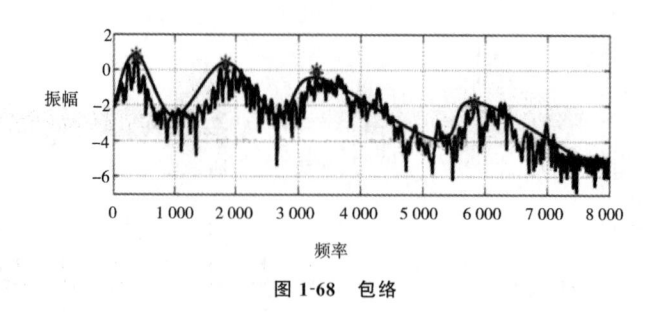

原始的频谱由两部分组成：包络和频谱细节。这里用到的是对数频谱，单位是 dB。将这两部分分离开，就可以得到包络，如图 1-69 所示。

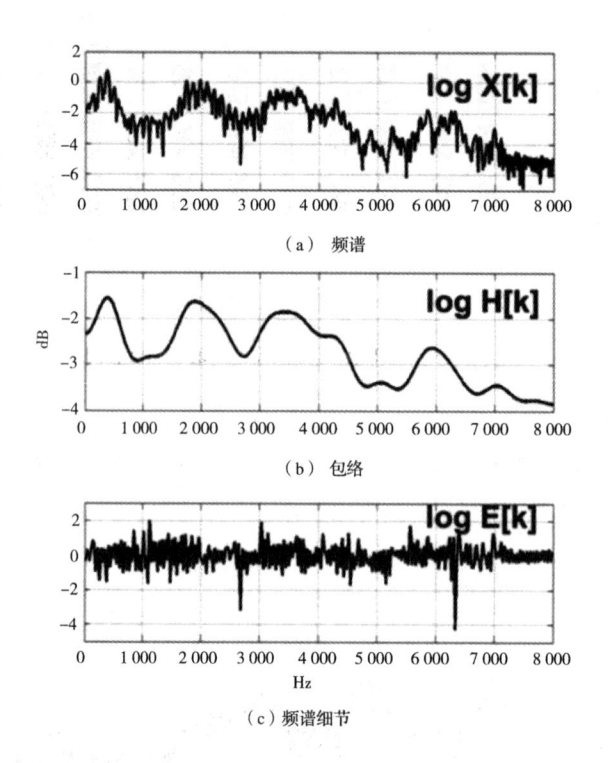

（a）频谱

（b）包络

（c）频谱细节

图 1-69 包络和频谱

从一段语音中可以得到它的包络。但是，基于人类听觉感知的实验表明，人类听觉的感知只聚焦在某些特定的区域，而不是整个包络。而 Mel 频率分析实验观测发现，人耳就像一个滤波器组，它只关注某些特定的频率分量（人的听觉对频率是有选择性的）。也就是说，它只让某些频率的信号通过，而屏蔽某些不想感知的频率信号。但这些滤波器在频率坐标轴上却不是统一分布的，在低频区域有很多分布比较密集的滤波器，而在高频区域，滤波器的数量比较少，分布很稀疏。

人类的听觉系统是一个特殊的非线性系统，它响应不同频率信号的灵敏度是不同的。

在语音特征的提取上,人类听觉系统不仅能提取语义信息,还能提取说话人的个人特征,这些都是现有的语音识别系统所望尘莫及的。如果语音识别系统能模拟人类听觉感知处理的特点,则有可能提高语音的识别率。

将频谱通过一组 Mel 滤波器可得到 Mel 频谱。公式为

$\log X[k] = \log (\text{Mel Spectrum})$。

$\log X[k]$ 上进行倒谱分析:

取对数:$\log X[k] = \log H[k] + \log E[k]$。

进行逆变换:$x[k] = h[k] + e[k]$。

在 Mel 频谱上获得的倒谱系数 $h[k]$ 称为梅尔频率倒谱系数,简称 MFCC。

梅尔频率倒谱系数考虑到了人类的听觉特征,先将线性频谱映射到基于听觉感知的 Mel 非线性频谱中。它可以将不统一的频率转化为统一的频率,即统一的滤波器组。在 Mel 频域内,人对音调的感知度为线性关系。例如,如果两段语音的 Mel 频率相差 2 倍,则人耳听起来两者的音调也相差 2 倍。

2.声音识别

前面说明了声音信号的特征,在得到一段声音信号后,该如何判断该声音是正常的还是异常的,这就需要进行下一步工作——声音识别。

常用的传统的声音识别的方法有四种:基于声道模型和语音知识的方法、模式匹配方法、统计模型方法和机器学习方法。基于声道模型和语音知识的方法起步较早,但是由于其模型和语音知识过于复杂,还没有达到实用的阶段;后三种方法是目前常用的声音识别方法,并且达到了实用阶段。模式匹配方法常用的技术有矢量量化(VQ)和动态时间规整(DTW);统计模型方法常见的是隐马尔可夫模型(HMM);机器学习方法中识别效果较好的是基于结构风险最小化原则的支持向量机(SVM)。

随着人工神经网络研究的兴起,深度学习在声音识别方面也有着重要的应用,尤其是循环神经网络(RNN)在声音识别领域有着广泛的应用前景,成为当前声音识别应用的一个热点。

(1)隐马尔可夫模型

马尔可夫过程描述的是一类重要的随机过程,它的直观解释是:在已知系统目前的状态下,"将来"与"过去"是无关的。这个过程也称为无记忆的单随机过程。如果单随机过程的取值(状态)是离散的,则称为无记忆的离散随机过程。假设一个系统,它在任何时间可以认为处在有限多个状态的某个状态下。在均匀划分的时间间隔上,系统的状态按一组概率发生改变(包括停留的原始状态),这组概率值与状态有关,而且这个状态对应于一个可观测的物理事件,因此称为可观测马尔可夫过程。相对于可观测马尔可夫过程,人们

又提出了一种状态及其行为都不可测(随机)的双随机过程。从外界来看,这个过程的状态是随机且不可见(隐藏)的,只能通过另一组随机过程才能观测到,另一组随机过程产生观测序列(行为),而这组行为是可见、不可测的。因此,这种双随机过程称为隐马尔可夫模型(HMM)。

(2)支持向量机

支持向量机(Support Vector Machine,SVM)是建立一个最优决策超平面,使得该平面两侧距离该平面最近的两类样本间的距离最大化,从而对分类问题提供良好的泛化能力。对于一个多维的样本集,系统随机产生一个超平面并不断移动,对样本进行分类,直到训练样本中属于不同类别的样本点正好位于该超平面的两侧,满足该条件的超平面可能有很多个,SVM正是在保证分类精度的同时,寻找到一个超平面,使得超平面两侧的空白区域最大化,从而实现对线性可分样本的最优分类。

对于最简单的情况,在一个二维空间中,要求把图 1-70 所示的白色的点和黑色的点分类,显然,图 1-71 中的直线满足要求,但这样的直线并不是唯一的。

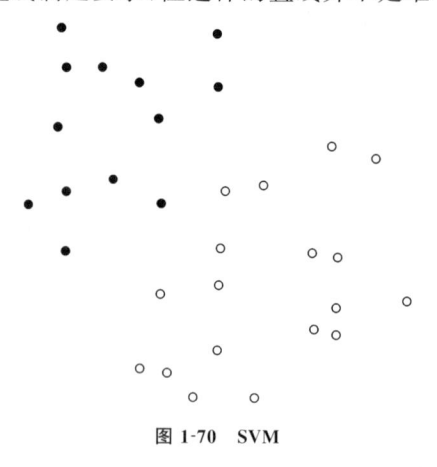

图 1-70 SVM

SVM 的作用:找到最合适的决策直线所在的位置。其他可行的直线如图 1-71 所示。

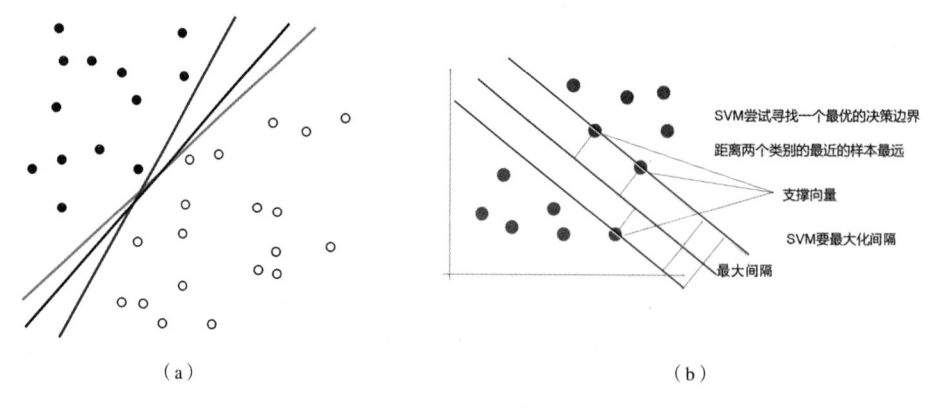

(a)　　　　　　　　　　　　(b)

图 1-71 SVM 的作用

最优的直线就是分类两侧决策直线距离最近的点离该直线综合最远的那条直线,即分割的间隙越大越好,这样分出来的特征的精确性更高,容错空间更大。这个过程在SVM中被称为最大化间隔。图1-71所示两条蓝线之间的距离就是最大间隔,显然在这种情况下,分类直线位于中间位置时可以使得间隔达到最大值。

(3)循环神经网络

传统的神经网络不具有延续性(无法保留对前文的理解)。例如,在观看影片时,想对每一帧画面上正在发生的事情进行分类理解,目前还没有明确的方法利用传统的神经网络把影片前面发生的事件添加进来帮助理解后面的画面。但循环神经网络(RNN)可以做到。在循环神经网络中,有一个循环的操作,能够保留之前学习的内容。例如,在声音识别的应用中,一段声音信号可以分成很多帧,每一帧提取一组特征数据,这些特征数据将会组成一个时间序列,循环神经网络中的循环结构能使某个时刻的声音特征传到下一个时刻,并根据前后帧之间的连贯性,提高对声音信号的识别效率。

二 音频技术的应用

1. 自然语言识别

(1)智能手机:语音导航、语音拨号等。

(2)内容监管:片头曲、片尾曲自动切割,广告筛选等。

(3)智能家居:智能音箱等。

2. 工业应用

(1)智能摄像头的音频监听。

(2)机械设备的故障预防、故障诊断。

3. 未来前景

(1)安防、金融、医疗、教育、呼叫中心等。

(2)无人驾驶、虚拟助理、家庭机器人等。

(3)智能车载、智能家居及可穿戴设备风潮的兴起加速了语音技术的发展。

(4)科技公司、初创公司从不同维度布局相关产业链。

(5)面向物联网的智能语音产业链的形成将引起商业模式的变化:以语音为入口,建立以物联网为基础的商业模式。

4. 大型设备异常检测矿用轨道巡检机器人

大型设备异常检测矿用轨道巡检机器人检测的内容包括:托辊异常检测、水泵等设备异常检测。

(1)检测的模式

检测的模式包括单类异常检测和多类异常识别。

①单类异常检测通过深度学习算法学习大量正常声音的特征,进行训练,并获取检测模型,检测过程中,通过比较声音与作为训练样本的正常声音之间的特征差异,判断声音是否异常。

②多类异常识别通过深度学习算法学习各种异常声音的特征,进行训练,并获取检测模型,检测过程中,通过声音的特征判断声音所属的正常或异常类别,进行分类报警。

(2)音频检测的流程

①加载预先训练的检测模型。

②拾音器采集现场音频数据,进行编码、解码,转换为二进制数据。

③对一段音频数据进行分帧:假设检测时间为 1 s,每 20 ms 为 1 帧,则可以分成 50 帧连续数据。

④对每帧音频数据进行特征提取,组成一个时间序列。

⑤将特征数据送入检测模型:单类异常检测:比较与训练样本正常声音之间的特征差异;多类异常识别:判断所属的异常声音类别。

⑥输出结果。

(3)声音异常检测的特点

①采用优化的梅尔频率倒谱系数算法提取声音特征,符合人耳听觉感知处理特点,同时为适应检测现场嘈杂的背景环境,添加多种组合特征等,使声音信号特征表达得更准确,更贴近实际。

②采用新技术:基于循环神经网络的深度学习的声音识别算法,能够不断地通过声音数据优化检测模型,检测结果准确率高。

③检测模式可分为单类异常检测和多类异常识别,在异常声音不能确定或者无异常声音数据的情况下,可选用单类异常检测;在有充足的异常声音样本的前提下,选用多类异常识别能够实现异常声音分类报警,可选择性强。

④可对多个设备分别训练,并获取检测模型,检测具有针对性。

(4)声音异常检测的意义

①在恶劣的噪声条件下代替人工巡检,可减小对工人身体的损害。

②算法自动检测,避免人为因素误检。

③实现对设备故障的预防,对于有发生故障趋向的设备加强监测;实现设备故障报警,及时更换坏损设备,避免造成经济损失。

思 考 题

1. 关于机器人技术,未来还可以往哪些方面发展?
2. 机器人的应用是否应该深入到我们生活的方方面面?有何利弊?
3. 人机交互,除了视觉与音频检测,还有哪些?

习 题

1. 音频是多媒体技术中的一种,由于音频信号是一种_____的模拟信号,而计算机只能处理和记录_____的数字信号,因此音频信号必须经过一定的变化和处理,变成二进制数据后才能送到计算机进行编辑和存储。

2. 消防侦察机器人由_____和_____组成。它主要用于各领域火灾事故的侦察,尤其适用于石化、燃气等易爆环境,对提高救援安全性、减少人员伤亡具有重要意义。

3. 视频分析主要是利用_____,采集现场的真实数据,并运用数字_____等技术,实时发现并监测视野中目标,同时通过其算法判断被监视的目标的行为是否存在安全威胁,对已经出现或将要出现的安全威胁发出报警信息,及时将报警信息传入本地客户端及综合管理平台。

4. 图像检测识别领域最常用的神经网络是卷积神经网络。   (   )

5. 声波在时间和幅值上都是连续的,称为模拟音频信号。   (   )

6. 基于人类听觉感知的实验表明,人类听觉的感知只聚焦在某些特定的区域,而不是整个频谱包络。   (   )

模块二

特种机器人的金属结构特性

学习目标

知识目标：掌握金属材料的基础知识以及特种机器人机身材料的分类。
能力目标：掌握金属制造过程，能区分金属的种类。
素质目标：培养高尚的职业精神，增强自我学习的能力和判断力。

第一节 工程材料基础

一、工程材料的分类

人类使用的材料可以分为天然材料和人造材料。天然材料是所有材料的基础，在科学技术高速发展的今天，仍然大量使用水、空气、土壤、石料、木材、生物、橡胶等天然材料。随着社会的发展，人们开始对天然材料进行各种加工处理，使得它们更适合人们使用，这就是人造材料。在生活、工作中所见的材料，人造材料占了很大的比例。

工程材料属于人造材料，它主要是指用于机械工程、建筑工程和航空航天等领域的材料。工程材料按应用领域不同，可分为机械工程材料、建筑材料、生物材料、信息材料、航空航天材料等；按照其性能特点不同，可分为结构材料和功能材料两大类，结构材料以力学性能为主,兼有一定的物理、化学性能;功能材料以特殊物理、化学性能为主,如要求具有声、光、电、磁、热等功能和效应的材料;按其化学组成不同可分为金属材料、无机非金属材料、高分子材料、复合材料等。

二 金属材料的性能

自从人类进入青铜时代以来,金属材料就成了材料的主体。进入铁器时代以来,铁碳合金成了生产活动中重要的材料。这种状况在科学技术高度发达、各种新材料不断涌现的今天仍没有得到改变。由地壳结构所决定,铁碳合金作为材料主体的地位在可预见的将来也不会改变。因此,了解并掌握金属材料的性能十分必要。金属材料的性能一般分为使用性能和工艺性能两类。

使用性能是指机械零件在使用条件下,金属材料表现出来的性能,包括力学性能、物理性能和化学性能等。材料的使用性能决定了它的使用范围和使用寿命。

工艺性能是指机械零件在加工制造过程中,金属材料在冷、热加工条件下表现出来的性能。材料的工艺性能决定了它在制造过程中加工成形的适应能力。由于加工条件不同,要求的工艺性能也就不同,如铸造性能、焊接性、可锻性、热处理性能、切削加工性等。

1.金属材料的力学性能

在机械制造业中,一般机械零件在使用过程中将承受不同载荷的作用。金属材料在载荷作用下抵抗破坏的性能,称为力学性能,也称为机械性能。

金属材料的力学性能是零件的设计和选材的主要依据。外加载荷性质不同(如拉伸、压缩、扭转、冲击、循环载荷等),对金属材料的力学性能要求也不同。常用的力学性能包括强度、塑性、硬度、冲击韧性和疲劳强度等。

(1)强度

强度是指金属材料在静荷作用下抵抗破坏(过量塑性变形或断裂)的性能。由于载荷的作用方式有拉伸、压缩、弯曲、剪切等形式,因此强度也分为抗拉强度、抗压强度、抗弯强度和抗剪强度等。

①抗拉强度

抗拉强度是指材料承受拉力的能力。

②抗压强度

抗压强度是指材料承受压力的能力。

③抗弯强度

抗弯强度是指材料承受弯曲外力的能力。

④抗剪强度

抗剪强度是指材料承受剪切力的能力。

各种强度间常有一定的联系,使用中一般以抗拉强度作为基本的强度指标,抗拉强度是通过标准试样在拉伸试验机上测出来的。在拉伸试验中,标准试样被装夹在拉伸试验机上,对试样的两端缓慢地施加载荷,试样随着载荷的增大被逐渐拉长,直至缩颈断裂。图 2-1 所示为低碳钢的拉伸曲线和拉伸试样。

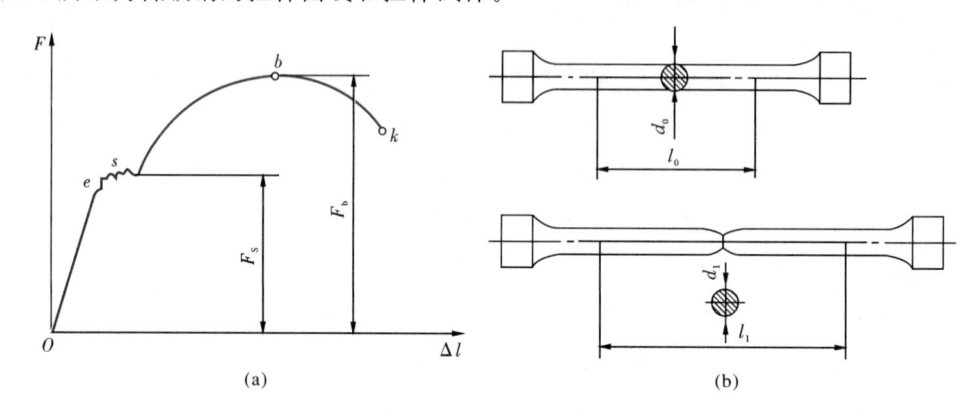

图 2-1 低碳钢的拉伸曲线和拉伸试样

由图 2-1(a)可以看出,当载荷较小时,试样的伸长量 Δl 与载荷 F 成比例增加,拉伸曲线在 Oe 段保持直线,并遵循胡克定律,若在此阶段卸载,试样会恢复到原始状态,这种变形称为弹性变形,点 e 对应的最大弹性变形载荷为 F_e;继续增大载荷使之达到 F_s,拉伸曲线将出现锯齿形波动,即载荷在基本保持不变的情况下试样继续伸长,这种现象称为屈服,点 s 称为屈服点;若在此后卸载,试样不能完全恢复到初始状态而产生永久性变形,即塑性变形。需要注意的是,塑性变形总是伴随弹性变形。屈服产生以后,继续增大载荷,试样将继续伸长,当载荷增大到 F_b 时,试样的某个局部截面将开始缩小,产生缩颈现象,如图 2-1(b)所示,此时的载荷 F_b 是试样所能承受的最大载荷。缩颈产生以后,试样仍继续变形,此时变形所需的载荷将逐渐减小,直至载荷达到 F_k,试样在缩颈处断裂。

若将载荷 F 除以试样的原始横截面积 A_0,变形量除以标距尺寸 l_0,F 与 Δl 的关系曲线则称为应力-应变曲线,这种表达方式排除了材料的尺寸因素,可达到仅仅表征材料力学性能的目的。

分析拉伸过程可知,在不同的阶段,材料抵抗变形与破坏的能力是不同的,根据不同阶段的最大抵抗能力不同,拉伸强度又可细分为弹性极限、屈服强度、抗拉强度等。为便于互相比较,强度常用材料单位面积所能承受载荷的最大能力(应力 R_{eH},单位为 MPa)表示。

① 弹性极限

弹性极限是指材料在外力作用下,能保持弹性变形时单位面积所能承受的最大载荷,用 α_e 表示,其计算公式为

$$\alpha_e = F_e / A_0$$

式中　F_e——试样产生弹性变形的最大载荷,N;

　　　A_0——试样的原始横截面积,mm^2。

②屈服强度

屈服强度是材料在外力作用下开始产生屈服时单位面积所能承受的最大载荷,用 R_{eL} 表示,其计算公式为

$$R_{eL} = F_s / A_0$$

式中　F_s——试样产生屈服现象时对应的载荷,N;

　　　A_0——试样的原始横截面积,mm^2。

有些材料没有明显的屈服强度,如高碳钢、奥氏体钢和其他脆性金属材料,其拉伸曲线上没有明显的屈服平台。为表示该类材料的屈服强度,规定以该类材料产生 0.2% 应变时对应的应力值为其屈服强度,称为条件屈服强度或名义屈服强度,用 $R_{P0.2}$ 表示。

③抗拉强度

抗拉强度是指材料在拉伸过程中单位面积所能承受的最大载荷,用 R_m 表示,其计算公式为

$$R_m = F_b / A_0$$

式中　F_b——试样拉伸时承受的最大载荷,N;

　　　A_0——试样的原始横截面积,mm^2。

抗拉强度和屈服强度是选择、评定金属材料和进行机械零件强度设计的重要性能指标。对于有些在工作中不允许发生塑性变形的机器零件或构件,$R_{P0.2}$ 是设计选材的重要依据。对于脆性材料,断裂前基本不发生塑性变形,在强度计算时以 R_m 为依据。

(2)塑性

塑性是指金属材料在载荷作用下,产生塑性变形(永久变形)而不被破坏的能力。塑性常用断后伸长率 A 和断面收缩率 Z 来表示,即

$$A = \frac{l_1 - l_0}{l_0} \times 100\%$$

$$Z = \frac{A_0 - A_1}{A_0} \times 100\%$$

式中　l_0——试样标距的原始长度,mm;

　　　l_1——试样拉断瞬间标距的实际长度,mm;

　　　A_0——试样的原始横截面积,mm^2;

　　　A_1——试样断口处的横截面积,mm^2。

断后伸长率或断面收缩率越大,材料的塑性越好。金属塑性对零件的加工和使用具

有重要意义,塑性好的材料不仅能顺利进行锻压、轧制等成形工艺,而且在使用时万一超载,由于塑性变形能避免突然断裂。因此,大多数机器零件除要求具有足够的强度外,还必须具有一定的塑性。一般来说,断后伸长率达 5% 或断面收缩率达 10% 的材料,即可满足绝大多数零件的使用要求。

(3)硬度

硬度是指材料抵抗局部变形,特别是塑性变形、压痕或划痕的能力,是衡量材料软硬程度的指标,反映了金属材料的综合力学性能。它不仅从金属表面层的一个局部反映了材料的强度(抵抗局部变形,特别是塑性变形的能力),同时也反映了材料的塑性(压痕的大小或深浅)。硬度的测定常用压入法,即把规定的压头压入金属材料的表面层,然后根据压痕的面积或深度确定其硬度值。根据压头和压力不同,常用的硬度指标有布氏硬度(HBW)、洛氏硬度(HRA、HRB、HRC 等)和维氏硬度(HV)。

①布氏硬度

布氏硬度是用直径为 D 的硬质合金球压头施加规定的试验力,将压头压入试样表面,经一定的保持时间后,卸去试验力,测量试样表面的压痕直径 d,如图 2-2 所示。布氏硬度值是试验力除以压痕球形表面积所得的商,用 HBS(钢球适用于布氏硬度值在 450 以下的材料)或 HBW(硬质合金球适用于布氏硬度值在 650 以下的材料)表示,单位为 N/mm^2(或 MPa)。

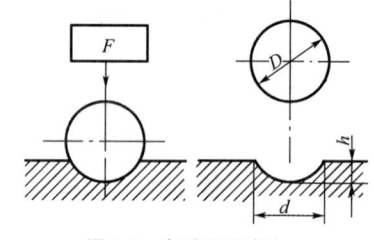

图 2-2 布氏硬度试验

布氏硬度试验的优点是其硬度代表性好,由于通常采用的是 10 mm 直径球压头,3 000 kg 试验力,其压痕面积较大,能反映较大范围内金属各组成相综合影响的平均值,而不受个别组成相及微小不均匀度的影响,因此特别适用于测定灰铸铁、轴承合金和具有粗大晶粒的金属材料。它的试验数据稳定,重现性好,精度高于洛氏硬度,低于维氏硬度。其缺点是压痕较大,成品检验有困难,试验过程比洛氏硬度复杂,测量操作和压痕测量比较费时,并且由于压痕边缘的凸起、凹陷或圆滑过渡都会使压痕直径的测量产生较大误差,因此要求操作者具有熟练的试验技术和丰富经验,一般要求由专门的试验员操作。

布氏硬度计主要用于组织不均匀的锻钢和灰铸铁的硬度测试,锻钢和灰铸铁的布氏硬度与拉伸试验有着较好的对应关系,多用于原材料和半成品的检测,由于压痕较大,一般不用于成品检测。

②洛氏硬度

洛氏硬度试验方法是以顶角为 120° 的金刚石圆锥(图 2-3)或直径为 ϕ1.588 mm 的淬火钢球作为压头,以规定的试验力将其压入试样表面。试验时,先加初试验力,然后加主试验力,压入试样表面之后卸除主试验力,在保留初试验力的情况下,根据试样表面压痕深度,确定被测金属材料的洛氏硬度值。洛氏硬度值由压入深度 h 确定。h 越大,硬度越低;反之,则硬度越高。一般说来,按照习惯上的概念,数值越大,硬度越高,因此采用一个常数 C 减去压入深度 h 来表示硬度值,并用每 0.002 mm 压痕深度为一个硬度单位,由此获得的硬度值称为洛氏硬度值,用符号 HR 表示。根据试验材料硬度的不同,用三种不同的标度来表示,见表 2-1。

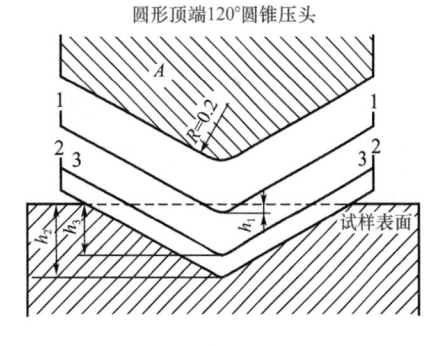

图 2-3 洛氏硬度测试

表 2-1　　　　　　　　　三种洛氏硬度的试验规范及应用举例

硬度符号	压头类型	初试验力 F_0/N	总试验力 (F_0+F_1)/N	硬度值的有效范围	适用范围
HRA	120°金刚石圆锥	98.07	588.4	20～88	硬质合金、陶瓷、表面淬火钢、渗碳钢等
HRB	直径为 1.588 mm 的淬火钢球	98.07	980.7	20～100	有色金属、退火钢
HRC	120°金刚石圆锥	98.07	1 471	20～70	淬火钢、调质钢

洛氏硬度的三种标尺中,以 HRC 应用最多,一般经淬火处理的钢或工具都采用 HRC 测量。在中等硬度情况下,洛氏硬度 HRC 与布氏硬度 HBW 之间的关系约为 1∶10,如 40HRC 相当于 400HBW。

洛氏硬度试验操作简单,测量迅速,可在指示表上直接读取硬度值,工作效率高,已成为最常用的硬度试验方法之一。由于试验力较小,压痕也小,特别是表面洛氏硬度试验的压痕更小,对大多数工件的使用无影响,可直接测试成品工件,初试验力的采用,使得试样表面轻微的平面度对硬度值的影响较小,因此,洛氏硬度计非常适于在工厂使用,适于对成批加工的成品或半成品工件进行逐件检测。该试验方法对测量操作的要求不高,非专业人员容易掌握。

③维氏硬度

维氏硬度的测试原理基本与布氏硬度相同,也是根据压痕凹陷单位面积上的力作为硬度值,所不同的是试验压头采用的是正四棱锥金刚石压头,如图 2-4 所示。压头在试验力作用下压入试样表面,保持一定的时间后,卸除试验力,测量试样表面的压痕对角线长度。试验力除以压痕表面积的商就是维氏硬度值。在实际生产中可根据对角线长度 d

通过查表直接得到维氏硬度值。维氏硬度符号 HV 前面的数值为硬度值，后面的数值为试验力值。标准的试验保持时间为 10~15 s。如果选用的时间超出这一范围，在试验力值后还要注上保持时间。例如：600HV30 表示采用 294 N 的试验力，保持时间为 10~15 s 时测得的维氏硬度值为 600。

600HV30/20 表示采用 294 N 的试验力，保持时间为 20 s 时测得的维氏硬度值为 600。

维氏硬度试验的压痕是正方形的，轮廓清晰，对角线测量准确，因此，维氏硬度试验是常用硬度试验方法中精度最高的，同时它的重复性也很好，这一点比布氏硬度优越。维氏硬度试验测量范围广，几乎可以测量目前工业上所用到的金属材料，从很软的材料到很硬的材料都可测量。维氏硬度试验的优点是其硬度值与试验力的大小无关，只要是硬度均匀的材料，均可以任意选择试验力，其硬度值不变。这一点比洛氏硬度试验优越。在中、低硬度值范围内，在同一均匀材料上，维氏硬度试验和布氏硬度试验会得到近似的硬度值。例如，当硬度值为 400 以下时，HV ≈ HB。

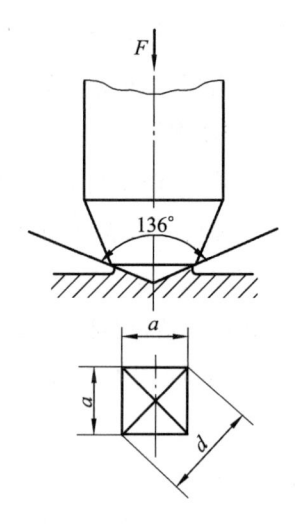

图 2-4 维氏硬度试验

维氏硬度试验的缺点是试验效率低，要求较高的试验技术，对于试样的表面粗糙度要求较高，通常需要制作专门的试样，操作麻烦、费时。

维氏硬度试验主要用于材料研究和科学试验方面，小负荷维氏硬度试验主要用于测试小型精密零件的硬度、表面硬化层硬度和有效硬化层深度、镀层的表面硬度、薄片材料和细线材料的硬度、切削刃附近的硬度以及牙科材料的硬度等。由于试验力很小，压痕也很小，试样外观和使用性能都不受影响。

(4) 冲击韧性

以很大速度作用于机件上的载荷称为冲击载荷，金属在冲击载荷作用下抵抗破坏的能力称为冲击韧性。有些机器零件和工具在工作时要承受冲击载荷的作用，因为瞬时的外力冲击作用所引起的变形和应力比静载荷要大得多，所以冲击载荷比静载荷对零件的破坏程度更严重。因此，设计承受冲击载荷作用下的零件时就必须考虑材料的冲击韧性。冲击韧性的常用指标为冲击韧度，用符号 a_K 表示。

测定金属的冲击韧度，工程上最常用的方法是一次摆锤弯曲冲击试验。如图 2-5 所示，将被测的材料做成标准试样放在冲击试验机的支座上，使试样缺口背向摆锤冲击方向，然后把质量为 m 的摆锤提到 h_1 高度，此时摆锤的势能为 mgh_1 然后释放摆锤，冲断试样后摆锤回升到 h_2 高度，摆锤对试样所做的功 $A_k = mg(h_1 - h_2)$，从刻度盘上可以直接读出。冲击韧度就是试样断口处单位面积所消耗的功，其计算公式为

$$a_K = A_K/A_0$$

式中 a_K——冲击韧度,J/cm²;

　　A_K——摆锤对试样做的功,J;

　　A_0——试样缺口处的截面积,cm²。

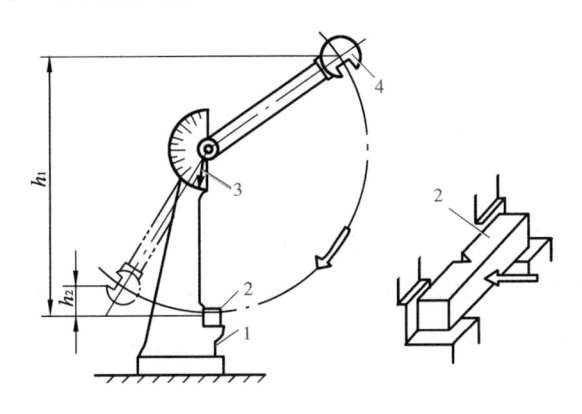

图2-5 冲击韧度试验

1—支座;2—试样;3—刻度盘;4—摆锤

冲击韧度主要用于衡量材料承受能量冲击而不被破坏的能力,a_K越大,材料抵抗冲击而不被破坏的能力越强。冲击韧度的大小除与材料本身特性有关外,还受试样的尺寸、缺口形状和试验环境等因素的影响,使用时应把这些因素都考虑进去。此外,试验证明小能量反复冲击时,冲击韧度与强度有关,强度越高,材料耐冲击性能越好。

材料的冲击韧度一般不作为设计零件的直接依据,只是作为选材时的一个参考依据。

(5)疲劳强度

许多机械零件,如轴、齿轮、轴承、叶片、弹簧等,在工作过程中各点的应力随时间做周期性的变化,这种随时间做周期性变化的应力称为交变应力(也称为循环应力)。在交变应力的作用下,虽然零件所承受的应力小于材料的屈服强度,但经过较长时间的工作后产生裂纹或突然发生完全断裂的现象称为金属的疲劳。疲劳破坏是机械零件失效的主要原因之一。据统计,在机械零件失效中大约有80%以上属于疲劳破坏,而且疲劳破坏前没有明显的变形,所以疲劳破坏经常造成重大事故,因此对于轴、齿轮、轴承、叶片、弹簧等承受交变载荷的零件,要选择疲劳强度较好的材料来制造。

疲劳强度是指金属材料在无限多次交变载荷作用下而不破坏的最大应力,称为疲劳强度或疲劳极限。实际上,金属材料并不可能做无限多次交变载荷试验。一般试验时规定,钢在经受$1\times10^6 \sim 1\times10^7$次、非铁(有色)金属材料经受$1\times10^7 \sim 1\times10^8$次交变载荷作用时不产生断裂时的最大应力称为疲劳强度。当施加的交变应力是对称循环应力时,所得的疲劳强度用表σ_{-1}示,单位为MPa。金属的疲劳强度与抗拉强度之间存在近似的比例关系:

碳素钢:$\sigma_{-1}=(0.4\sim0.55)R_\mathrm{m}$;灰铸铁:$\sigma_{-1}\approx0.4R_\mathrm{m}$;有色金属:$\sigma_{-1}=(0.3\sim0.4)R_\mathrm{m}$。

一般认为产生疲劳强度的原因是材料内部的夹杂物、表面划痕等能引起应力集中的缺陷,在交变载荷作用下产生微小裂纹,进而裂纹扩展导致材料断裂。为了避免疲劳破坏的产生,零件结构设计时应注意避免应力集中的产生,对材料采取表面强化以及减小零件表面粗糙度值的措施。

2.金属材料的物理、化学和工艺性能

在材料的选择、保管和使用中,必须了解材料的物理、化学和工艺性能。

(1)物理性能

金属材料的物理性能含义广泛,有密度、熔点、热膨胀性、导热性、导电性和磁性等。由于机器零件的用途不同,对其物理性能要求也有所不同。例如,飞机零件常选用密度小的铝、镁、钛合金来制造;设计电动机、电气零件时,常要考虑金属材料的导电性等。

①密度

金属的密度是指单位体积金属的质量,国际单位为 $\mathrm{kg/m^3}$。根据密度的大小,金属材料可分为轻金属和重金属两类。密度小于 $4.5\times10^3\ \mathrm{kg/m^3}$ 的金属称为轻金属,如铝、镁、钠等;密度大于 $4.5\times10^3\ \mathrm{kg/m^3}$ 的金属称为重金属,如铜、铅、锌、锡、镍等。

②熔点

金属从固体状态向液体状态转变时的温度称为熔点,单位为摄氏度(℃)。各种金属都有固定熔点,如铅的熔点为327.5 ℃,纯铁的熔点为1 538 ℃。一般熔点低于1 000 ℃的金属称为低熔点金属,熔点在1 000～2 000 ℃范围内的金属称为中熔点金属,熔点高于2 000 ℃的金属称为高熔点金属。金属材料的熔点会影响材料的使用和制造工艺。例如电阻、锅炉零件、喷嘴等要求材料有高的熔点,熔丝则要求熔点低。

③热膨胀性

金属材料在受热时体积增大,冷却时收缩,这种现象称为热膨胀性。热膨胀性会带来零件的变形、开裂以及改变配合状态,从而影响机器设备的精度和使用寿命。在实际工作中有时必须考虑热膨胀性的影响。例如,一些精密测量工具就要选用膨胀系数较小的金属材料来制造;铺设铁轨、架设桥梁、金属工件加工过程中测量尺寸等都要考虑热膨胀性的因素。

④导热性

金属材料传导热量的能力称为导热性。一般用热导率(导热系数)λ表示金属材料导热性能的优劣,热导率大的金属材料的导热性好。金属的导热性以银为最好,铜、铝次之。导热性好的金属散热也好,可用来制造散热器零件,如冰箱、空调的散热片。金属材料的导热性影响加热和冷却的速度,导热性差的材料在加热或冷却时,工件内、外温差大,容易产生大的内应力。当内应力大于材料的强度时,则会产生变形或裂纹。

⑤导电性

金属材料传导电流的性能称为导电性。各种金属材料的导电性各不相同,其中以银为最好,铜、铝次之,因此工业上常用铜、铝做导电的材料;导电性差的高电阻金属材料,如铁铬合金、镍、铬、铝、康铜和锰铜等,用于制造仪表零件或电热元件。

⑥磁性

金属导磁的性能称为磁性。具有导磁能力的金属材料都能被磁铁吸引。铁、钴等为铁磁性材料,锰、铬、铜、锌为无磁性或顺磁性材料。但对某些金属来说,磁性也不是固定不变的,如铁在 768 ℃以上就表现为没有磁性或顺磁性。铁磁性材料可用于制作变压器、电动机的铁芯和测量仪表零件等;无(顺)磁性材料可用作要求避免磁场干扰的零件。

(2)化学性能

化学性能是指金属在室温或者高温下抵抗各种介质化学作用的能力,即化学稳定性。主要化学性能有耐腐蚀性和抗氧化性。

①耐腐蚀性

金属材料在常温下抵抗氧、水蒸气及其他化学介质腐蚀作用的能力,称为耐腐蚀性。常见的钢铁生锈,就是腐蚀现象。腐蚀也是零件失效的一个主要原因,根据零件工作环境的不同,要考虑材料耐不同介质腐蚀的能力。一般机器零件为了不被腐蚀,常用热镀或电镀金属、发蓝处理、涂油漆、烧搪瓷、加润滑油等方法来进行保护。在易腐蚀环境工作的重要零件,有时需采用不锈钢制造。

②抗氧化性

金属材料抵抗氧化作用的能力,称为抗氧化性。金属材料在加热时,氧化作用加速,如钢材在锻造、热处理、焊接等加热作业时,会发生氧化和脱碳,造成材料的损耗和各种缺陷。因此,在加热坯件或材料时,常在其周围形成一种还原气体或保护气体,避免金属材料的氧化。

(3)工艺性能

金属材料的工艺性能是反映金属材料在各种加工过程中,适应加工工艺要求的能力。它是物理性能、化学性能和力学性能的综合表现。工艺性能主要有铸造性、可锻性、焊接性和切削加工性等。

①铸造性

金属材料的铸造性主要是指流动性、收缩性和产生偏析的倾向。流动性是流体金属充满铸型的能力。流动性好能铸出细薄精致的复杂铸件,能减少缺陷。收缩性是指金属材料在冷却凝固中,体积和尺寸缩小的性能。收缩是使铸件产生缩孔、缩松、内应力、变形、开裂的基本原因。偏析是指金属材料在凝固时造成零件内部化学成分不均匀的现象,

45

它使零件各部分力学性能不一致,影响零件使用的可靠性。

②可锻性

金属材料的可锻性是指它是否易于锻压的性能。可锻性常用金属的塑性和变形抗力来综合衡量。可锻性好的金属材料,不但塑性好,可锻温度范围宽,再结晶温度低,变形时不易产生加工硬化,而且所需的变形外力小。如中、低碳钢及低合金钢等都有良好的可锻性,高碳钢、高合金钢的可锻性较差,而铸铁则根本不能锻造。

③焊接性

金属材料的焊接性是指金属在一定条件下获得优质焊接接头的难易程度。对于易氧化、吸气性强、导热性好(或差)、膨胀系数大、塑性低的材料,一般焊接性差。焊接性好的金属材料,在焊缝内不易产生裂纹、气孔、夹渣等缺陷,同时焊接接头强度高。如低碳钢具有良好的焊接性,而铸铁、高碳钢、高合金钢、铝合金等材料的焊接性则较差。

④切削加工性

金属材料的切削加工性是指它被切削加工的难易程度。切削加工性好的材料,切削时消耗的能量少,刀具寿命长,易于保证加工表面的质量,切屑易于折断和脱落。金属材料的切削加工性与它的强度、硬度、塑性、导热性等有关。如灰铸铁、铜合金及铝合金等均有较好的切削加工性,而高碳钢的切削加工性则较差。

二 金属与合金的晶体结构与结晶

1.金属的晶体结构

固态物质按其原子排列规律的不同可分为晶体与非晶体两大类。原子呈规则排列的物质称为晶体,如金刚石、石墨和固态金属及合金等。晶体具有固定的熔点,呈现规则的外形,并具有各向异性特征;原子呈不规则排列的物质称为非晶体,如玻璃、松香、沥青、石蜡等。非晶体没有固定的熔点,具有各向同性的特征。

(1)晶体结构的基本知识

①晶格

绝大多数金属具有晶体结构,其组成粒子在三维空间内做有规则的周期性重复排列,如图2-6(a)所示。为了便于研究晶体中原子的排列规律,假想理想晶体中的原子都是固定不动的刚性球体,并用假想的线条将晶体中各原子中心连接起来,便形成了一个空间格子,这种抽象的、用于描述原子在晶体中规则排列方式的空间格子称为晶格,如图2-6(b)所示。

②晶胞

晶体中原子的排列具有周期性的特点,因此,通常只从晶格中选取一个能够完全反映晶格特征的、最小的几何单元来分析晶体中原子的排列规律,这个最小的几何单元称为晶胞,如图 2-6(c)所示。实际上整个晶格就是由许多大小、形状和位向相同的晶胞在三维空间重复堆积排列而成的。

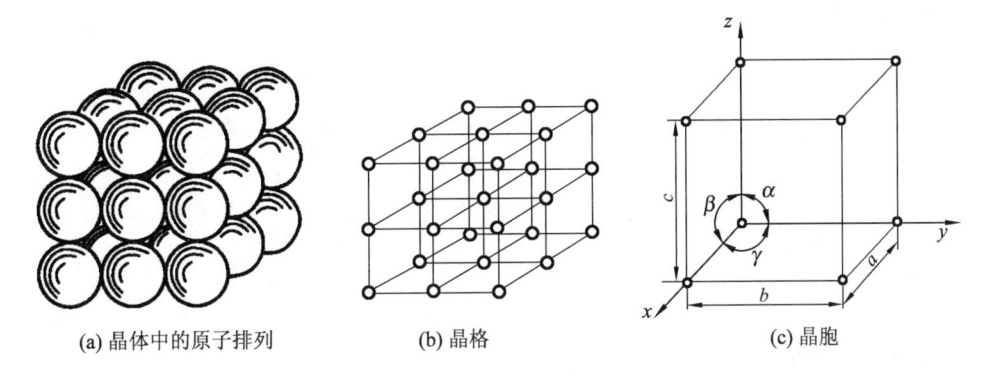

(a) 晶体中的原子排列　　(b) 晶格　　(c) 晶胞

图 2-6　晶体、晶格与晶胞

③晶格常数

晶胞的大小和形状常以晶胞的棱边长度 a、b、c 及棱边夹角 α、β、γ 来表示。晶胞的棱边长度称为晶格常数,以埃(Å)为单位来表示(1 Å=10^{-8} cm)。

(2) 常见的金属晶体结构

在已知的八十多种金属元素中,除少数十余种金属具有复杂晶格外,大多数金属的晶格都比较简单,尤其是常用金属的晶格,有体心立方晶格、面心立方晶格和密排六方晶格三种。

①体心立方晶格

体心立方晶格的晶胞是一个立方体,如图 2-7 所示。其晶格常数 $a=b=c$,在立方体的八个角上和立方体的中心各有一个原子。具有体心立方晶格的金属有铬(Cr)、钨(W)、钼(Mo)、钒(V)、α铁(α-Fe)等。

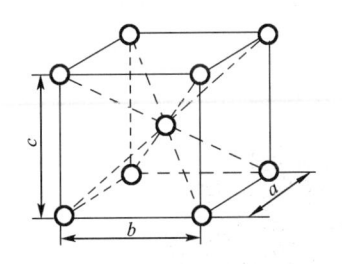

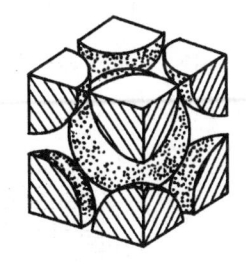

图 2-7　体心立方晶胞

② 面心立方晶格

面心立方晶格的晶胞也是一个立方体，如图 2-8 所示。其晶格常数 $a=b=c$，在立方体的八个顶点和立方体的六个面的中心各有一个原子。具有面心立方晶格的金属有铝（Al）、铜（Cu）、镍（Ni）、金（Au）、银（Ag）、γ 铁（γ-Fe）等。

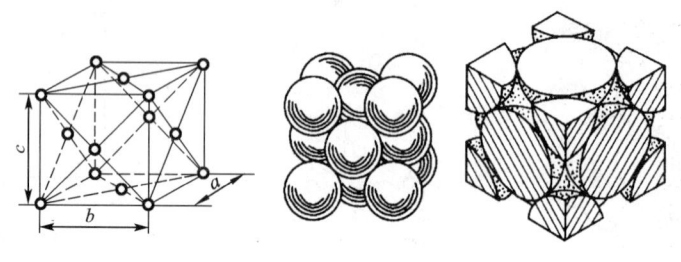

图 2-8　面心立方晶胞

③ 密排六方晶格

密排六方晶格的晶胞是个正六方柱体，如图 2-9 所示。该晶胞要用两个晶格常数表示，一个是六边形的边长 a，另一个是柱体高度 c。在密排六方晶胞的十二个顶点上和上、下底面中心各有一个原子，另外在晶胞中间还有三个原子。具有密排六方晶格的金属有镁（Mg）、锌（Zn）、铍（Be）等。

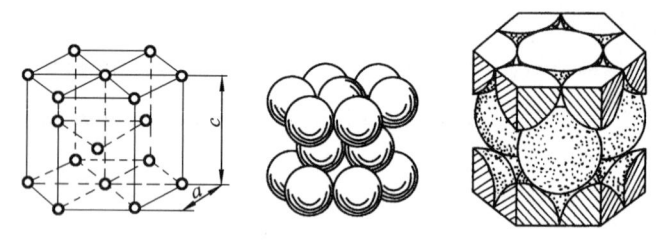

图 2-9　密排六方晶胞

(3) 金属的实际晶体结构

上述所讨论的晶体均为理想结构，可看成晶胞的重复堆垛，这种结构称为单晶体，即原子的空间排列方式都相同。但由于许多因素（如温度、形变等）的作用，实际金属结构并非理想的单晶体，金属内部结构一般会偏离理想状态，存在很多的缺陷。实际上绝大多数晶体结构都是多晶体，如图 2-10 所示，而且具有晶体缺陷。

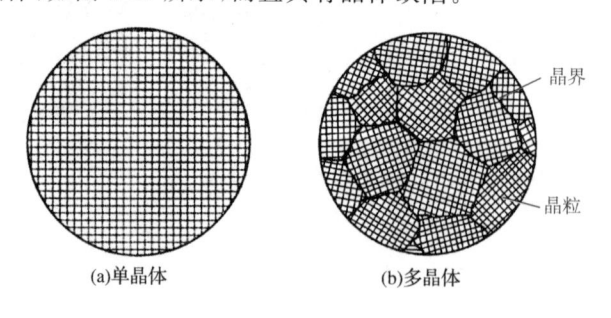

(a) 单晶体　　(b) 多晶体

图 2-10　单晶体和多晶体

① 多晶体

实际工程上用的金属材料都是由许多颗粒状的小晶体组成的,每个小晶体内部的晶格位向是一致的,而各小晶体之间位向却不相同,这种不规则的、颗粒状的小晶体称为晶粒,晶粒与晶粒之间的界面称为晶界,由许多晶粒组成的晶体称为多晶体。

② 晶体缺陷

在实际金属晶体中,存在原子不规则排列的区域,这些区域称为晶体缺陷。按缺陷的几何形态不同,晶体缺陷分为点缺陷、线缺陷和面缺陷三种。

- 点缺陷是指长、宽、高方向尺寸都很小的缺陷。最常见的点缺陷是晶格空位和间隙原子,如图 2-11 所示。在实际晶体结构中,晶格的某些结点往往未被原子占有,这种空着的结点位置称为晶格空位;而处在晶格间隙中的原子称为间隙原子。在晶体中,由于点缺陷的存在,使周围原子间的作用力失去平衡,其周围原子向缺陷处靠拢或被撑开,从而导致晶格发生歪扭,这种现象称为晶格畸变。晶格畸变会使金属的强度和硬度提高。

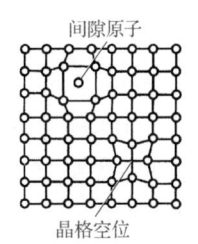

图 2-11 点缺陷

- 线缺陷是指在一个方向上的尺寸很大,另两个方向上尺寸很小的一种缺陷,主要是指各种类型的位错。位错是晶体中某处有一列或若干列原子发生了有规律的错排现象。位错的形式很多,其中简单而常见的是刃型位错,其晶体的上半部多出一个原子面(称为半原子面),它像切削刃一样切入晶体中,使上、下两部分晶体间产生了错排现象,因而称为刃型位错。如图 2-12 所示,线 EF 称为位错线,在位错线附近晶格发生了畸变。若半原子面在上侧,称为正刃位错,用"⊥"表示;若半原子面在下侧,称为负刃位错,用"⊤"表示。位错的存在对金属的力学性能有很大的影响,例如冷变形加工后的金属,由于位错密度的增大,强度明显提高。

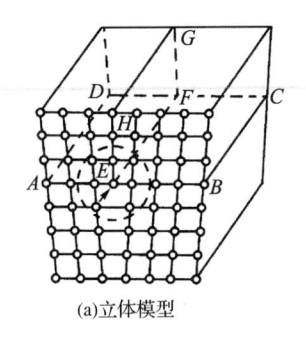

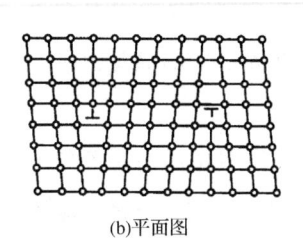

(a)立体模型　　　　　(b)平面图

图 2-12 刃型位错

- 面缺陷是指在两个方向上的尺寸很大,第三个方向上的尺寸很小而呈面状的缺陷。面缺陷的主要形式是各种类型的晶界,它是多晶体中晶粒之间的界面,如图2-13所示。由于各晶粒之间的位向不同,晶界实际上是原子排列从一种位向过渡到另一种位向的过渡层,在晶界处原子排列是不规则的。晶界的存在,使晶格处于畸变状态,在常温下对金属塑性变形起阻碍作用。所以,金属的晶粒越细,则晶界越多,对塑性变形的阻碍作用越大,金属的强度、硬度越高。

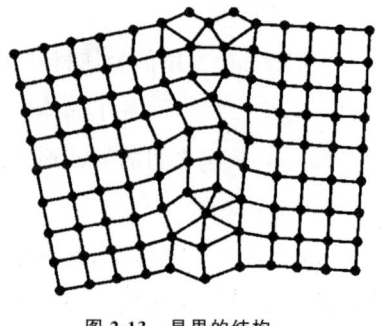

图2-13 晶界的结构

在实际金属晶体结构中,上述晶体缺陷并不是静止不变的,而是会随着温度等因素的改变而改变,它们也可以产生运动和交互作用,还能合并和消失。结构缺陷的存在和数量的多少会对金属晶体的性能产生重大影响,特别是对金属的塑性变形、固态相变和扩散等产生重要影响。

2. 纯金属的结晶

一切物质从液态转变为固态的过程,统称为凝固。若凝固后的固体物质是晶体,则这种凝固过程又称为结晶。结晶也就是金属原子从不规则排列过渡到规则排列的过程。

(1)纯金属冷却曲线和过冷现象

将纯金属加热到熔化状态后缓慢冷却,在冷却过程中,每隔一定时间测量一次温度,直至冷却到室温,然后将测量数据画在温度-时间坐标系上,便得到一条纯金属在冷却过程中温度与时间的关系曲线,这条曲线称为冷却曲线,如图2-14所示。

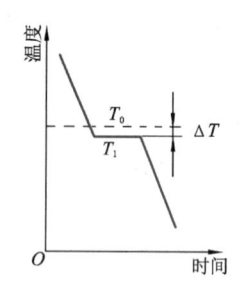

由冷却曲线可见,液态金属随着冷却时间的延长,它所含的热量不断散失,温度也不断下降,但是当冷却到某一温度时,温度随时间延长并不变化,在冷却曲线上出现了一个"平台",这个"平台"所对应的温度就是纯金属的实际结晶温度。出现"平台"的原因是结晶时放出的结晶潜热正好补偿了金属向外界散失的热量。结晶完成后,由于金属继续向环境散热,温度又重新下降。

图2-14 纯金属的冷却曲线

纯金属液体在无限缓慢的冷却条件下(平衡温度下)结晶的温度,称为理论结晶温度,用 T_0 表示。在实际的生产中,金属由液体结晶为固体时,冷却速度都是相当快的,金属实际的结晶温度 T_1 总是低于理论结晶温度 T_0,这种现象称为"过冷现象",金属理论结晶温度和实际结晶温度之差称为过冷度,用 ΔT 表示,即 $\Delta T = T_0 - T_1$。金属结晶时的过冷度与冷却速度有关,冷却速度越大,过冷度越大,金属的实际结晶温度就越低。实际上金属总是在过冷的情况下结晶,所以,过冷度是金属结晶的必要条件。

(2)纯金属的结晶过程

纯金属的结晶过程发生在冷却曲线上"平台"所经历的这段时间。液态金属结晶时,首先在液态中出现一些微小的晶体,称为晶核,晶核不断长大并最终成为晶粒,同时新晶核又不断产生并相继长大,直至液态金属全部消失为止,如图 2-15 所示。因此金属的结晶包括晶核的形成和晶核的长大两个基本过程,并且这两个过程是同时进行的。

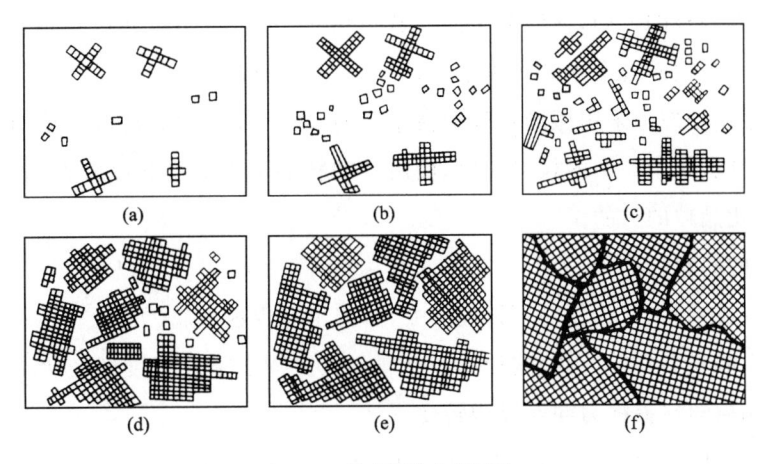

图 2-15 纯金属的结晶过程

① 晶核的形成

当液态金属冷至结晶温度以下时,某些类似晶体原子排列的小集团便成为结晶核心,这种由液态金属内部自发形成结晶核心的过程称为自发形核。而在实际金属中常有杂质的存在,液态金属依附于这些杂质更容易形成晶核,这种依附于杂质而形成晶核的过程称为非自发形核。自发形核和非自发形核在金属结晶时是同时发生的,但非自发形核常起优先和主导作用。

② 晶核的长大

晶核形成后,当过冷度较大或金属中存在杂质时,金属晶体常以树枝状的形式长大。在晶核形成初期,外形一般比较规则,但随着晶核的长大,形成了晶体的顶角和棱边,此处散热条件优于其他部位,因此在顶角和棱边处以较大成长速度形成枝干。同理,在枝干的长大过程中,又会不断生出分支,最后填满枝干的空间,结果形成树枝状晶体,简称枝晶。

(3)结晶后的晶粒大小

金属结晶后的晶粒大小对金属的力学性能影响很大。一般情况下,晶粒越细小,金属的强度和硬度越高,塑性和韧性也越好。因此,细化晶粒是使金属材料强韧化的有效途径。

金属结晶时,一个晶核长成一个晶粒,在一定体积内所形成的晶核数目越多,则结晶

后的晶粒就越细小。因此,工业生产中,为了获得细晶粒组织,常采用以下方法:

①增大过冷度,使金属结晶时形成的晶核数目增多,则结晶后获得细晶粒组织。可通过增大金属凝固时的冷却速度来增大过冷度。但在实际生产中,对于大铸锭、大型铸件,过高的冷却速度往往会导致铸件产生裂纹而报废。因此,对于大铸锭、大型铸件,则需要用其他方法来细化晶粒。

②进行变质处理。变质处理是在浇注前向液态金属中人为地加入少量被称为变质剂的物质,以起到晶核的作用,使结晶时晶核数目增多,从而使晶粒细化。向铸铁中加入硅铁或硅钙合金,向铝硅合金中加入钠或钠盐等是变质处理的典型实例。

③采用振动处理。采用振动处理金属结晶时,对金属液附加机械振动、超声波振动、电磁振动等措施,使生长中的枝晶破碎,而破碎的枝晶尖端又可起晶核作用,晶核数目增加了,达到细化晶粒的目的。

(4)金属的同素异构转变

大多数金属结晶后,其晶格不再发生变化,但也有少数金属(如铁、铬、锡、钴、钛等)在固态时会发生晶格类型的转变,这种同一金属元素在固态下随温度的变化由一种晶格转变为另一种晶格的现象称为同素异构转变。

现以纯铁为例来说明金属的同素异构转变过程。如图2-16所示,液态纯铁在1 538 ℃时结晶成体心立方晶格的δ-Fe;冷却到1 394 ℃时发生同素异构转变,由体心立方晶格的δ-Fe转变为面心立方晶格的γ-Fe;继续冷却到912 ℃时又发生同素异构转变,由面心立方晶格的γ-Fe转变为体心立方晶格的α-Fe。

金属发生同素异构转变时,必然伴随着原子的重新排列,这种原子的重新排列过程,实际上就是一个结晶过程,同样遵循结晶过程中的形核与

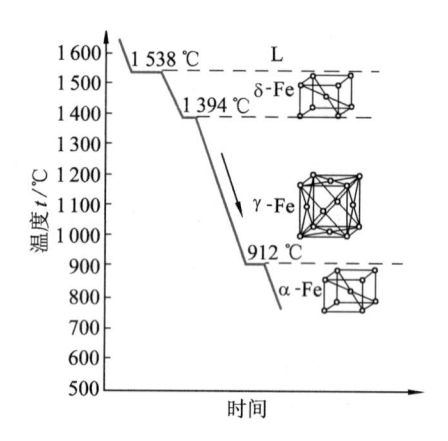

图2-16 纯铁的冷却曲线

晶核长大规律。与液态金属结晶过程的不同点在于其是在固态下进行的,因此也具有一些独特的特点:在固体中原子扩散比在液态中困难得多,这使同素异构转变具有较大的过冷度;由于转变时晶体结构的致密度改变引起晶体体积的变化,从而产生较大的内应力。

纯金属大都具有优良的塑性、导电性、导热性等,但它们制取困难,价格昂贵,种类有限,特别是力学性能(强度、硬度、耐磨性都比较低)难以满足实际应用中多种高性能的要求。因此,工程上大量使用的金属材料都是根据性能需要而配制的不同成分的合金,如碳素钢、合金钢、铸铁、铝合金及铜合金等。

3.合金的晶体结构

(1)合金的基本概念

①合金

合金是指由金属元素与其他元素结合而形成的具有金属特性的物质。例如,黄铜是由铜和锌两种元素组成的合金,碳钢和铸铁是由铁和碳组成的合金,硬铝是由铝、铜和镁组成的合金。合金不仅具有纯金属的基本特性,还有比纯金属更好的力学性能以及特殊的物理、化学性能。另外,由于组成合金的各元素比例可以在很大范围内变动,使合金的性能随之发生一系列变化,从而满足了工业生产中各类零件的不同性能要求。

②组元

组成合金的最基本的独立物质称为组元,简称元。组元一般是指组成合金的元素,例如,铜和锌就是黄铜的组元,但一些稳定的化合物有时也可作为组元,例如,铁碳合金中的渗碳体 Fe_3C 就可以看作组元。根据合金组元数目不同,合金可分为二元合金、三元合金和多元合金。

③合金系

由两个或两个以上组元按不同比例配制成一系列不同成分的合金,称为合金系,简称系。由两个组元组成的合金系称为二元系,由三个组元组成的合金系称为三元系。

④相

在合金中化学成分、晶体结构和物理性能相同的组分称为相。相与相之间由明显的界面分开。例如,纯金属固态时为一个相(固相),熔点以上处于液态,为液相,当液体结晶时,固相与液相共存,两者之间有分界面。相可以是固溶体、金属化合物及纯物质(石墨)。固态合金可以是由一种固相组成的单相合金,也可以是由几种不同固相组成的多相合金。

⑤组织

用肉眼或借助显微镜观察到的材料具有独特微观形貌特征的部分称为组织。实际上它是一种或多种相按一定的方式相互结合所构成的整体的统称。组织反映材料的相组成、相形态、大小和分布状况,因此组织是决定材料最终性能的关键。

(2)合金的组织

多数合金的组元液态时都能互相溶解,形成均匀的液溶体。固态时由于各组分之间相互作用不同,形成不同的组织。通常固态时合金形成固溶体、金属化合物和机械混合物三类组织。

①固溶体

合金由液态转变为固态时,一组元的晶格中溶入另一种或多种其他组元而形成的均匀相称为固溶体。保留晶格的组元称为溶剂,溶入晶格的组元称为溶质。根据溶质原子在晶格中所占据位置的不同,分为置换固溶体和间隙固溶体两类,如图 2-17 所示。

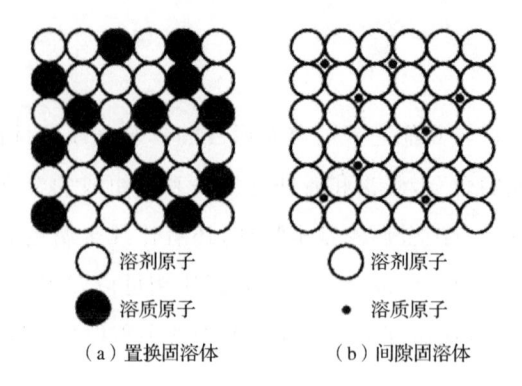

(a)置换固溶体　　(b)间隙固溶体

图 2-17　固溶体的两种基本类型

● 置换固溶体。溶质原子占据晶格的正常结点,这些结点上的溶剂原子被溶质原子所替换,当合金中两组元的原子半径相近时,更易形成这种置换固溶体。有些置换固溶体的溶解度有限,溶质原子只能部分占据溶剂晶格的结点,称为有限固溶体。但当溶剂与溶质原子的半径相当,并具有相同的晶格类型时,它们可以按任意比例溶解,这种置换固溶体称为无限固溶体。

● 间隙固溶体。间隙固溶体溶质原子不占据正常的晶格结点,而是嵌入晶格间隙中,因为溶剂的间隙尺寸和数量有限,所以只有原子半径较小的溶质(如碳、氮、硼等非金属元素)才能溶入溶剂中形成间隙固溶体,且这种固溶体的溶解度有限。

无论形成哪种固溶体,都将破坏原子的规则排列,使晶格发生畸变,如图 2-18 所示。晶格畸变导致变形抗力增大,使固溶体的强度增大,所以获得固溶体可提高合金的强度、硬度,这种现象称为固溶强化。固溶强化是提高金属材料性能的重要途径之一。

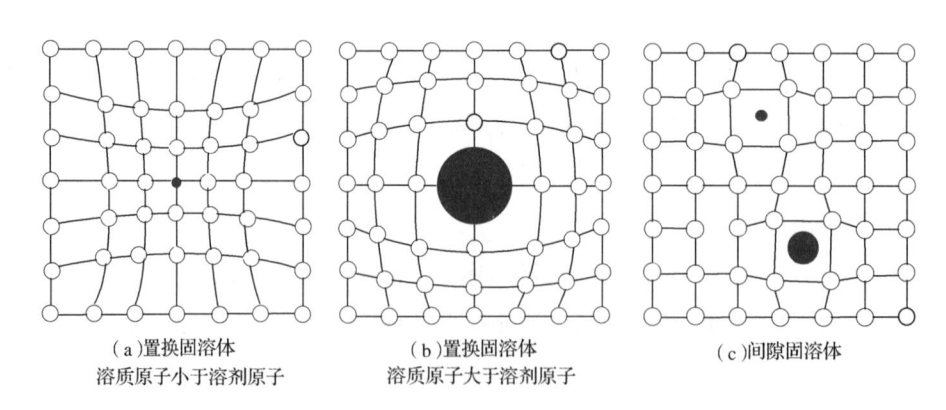

(a)置换固溶体　　(b)置换固溶体　　(c)间隙固溶体
溶质原子小于溶剂原子　　溶质原子大于溶剂原子

图 2-18　固溶体中的晶格畸变

② 金属化合物

金属化合物是合金中各组元间发生相互作用而形成的具有金属特性的一种新相,其晶体结构一般比较复杂,而且不同于任一组成元素的晶体类型。它的组成一般可用分子式来表示,如铁碳合金中的 Fe_3C(渗碳体),如图 2-19 所示。金属化合物一般熔点高,性能硬而脆。当它呈细小颗粒均匀分布于固溶体基体上时,能使合金的强度、硬度、耐磨性等提高,这一现象称为弥散强化,因此,合金中的金属化合物是不可缺少的强化相。但由于金属化合物的塑性、韧性差,当合金中的金属化合物数量多或呈粗大、不均匀分布时,会降低合金的力学性能。

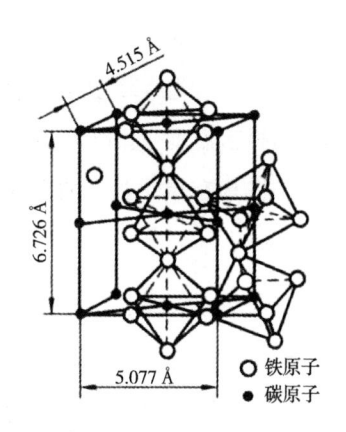

图 2-19　Fe_3C 的晶体结构

③ 机械混合物

由两种或两种以上的相按一定质量分数组合成的物质称为机械混合物。机械混合物中各组成相仍保持自己的晶格,彼此无交互作用,其性能主要取决于各组成相的性能以及相的分布状态。

合金的组织可以是单相固溶体,但由于其强度不够高,其应用具有局限性,绝大多数合金的组织是固溶体与少量金属化合物组成的混合物。通过调整固溶体中溶质原子的含量,以及控制金属化合物的数量、形态、分布状况,可以改善合金的力学性能,以满足不同的需要。

4. 合金的结晶

合金的结晶与金属的结晶有许多相同的规律。但由于合金元素的相互作用,合金系中相的存在状态以及它们之间的关系要比纯金属复杂得多,合金的结晶还有其自身的特点和规律。为了研究合金结晶过程的特点和组织变化规律,需要应用合金相图这一重要工具。

合金相图是用图解的方法表示合金系中合金状态、温度和成分之间的关系。利用合金相图可以知道各种成分的合金在不同温度下有哪些相,各相的相对含量、成分以及温度变化时可能发生的变化。掌握合金相图的分析和使用方法,有助于了解合金的组织状态和预测合金的性能,也可按要求来研究新的合金。在生产中,合金相图可作为制定铸造、锻造、焊接及热处理工艺的重要依据。

(1) 二元合金相图的建立

建立合金相图常用热分析法,下面以 Cu-Ni 合金为例,简单介绍建立相图的过程:

①配制不同成分的 Cu-Ni 合金。例如,合金Ⅰ:100%Cu;合金Ⅱ:75%Cu+25%Ni;合金Ⅲ:50%Cu+50%Ni;合金Ⅳ:25%Cu+75%Ni;合金Ⅴ:100%Ni。

②合金熔化后缓慢冷却,测出每种合金的冷却曲线,找出各冷却曲线上临界点的温度。

③画出温度-成分坐标系,在各合金成分垂线上标出临界点温度。

④将具有相同意义的点连接成线,标明各区域内所存在的相,即得到 Cu-Ni 合金相图(图 2-20)。

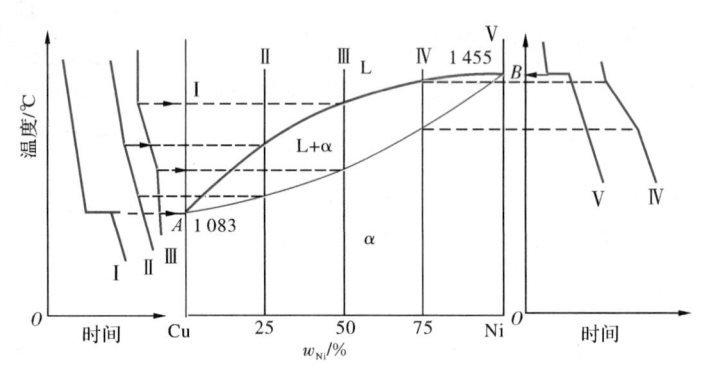

图 2-20 Cu-Ni 合金冷却曲线及相图建立

（2）匀晶相图

材料从液相结晶出单相固溶体的过程称为匀晶转变。两组元在液态和固态均无限互溶,冷却时发生匀晶转变的合金系,称为匀晶系,并构成匀晶相图,如 Cu-Ni、Fe-Cr、Au-Ag 合金相图等。现以 Cu-Ni 合金相图(图 2-21)为例,对匀晶相图及其合金的结晶过程进行分析。

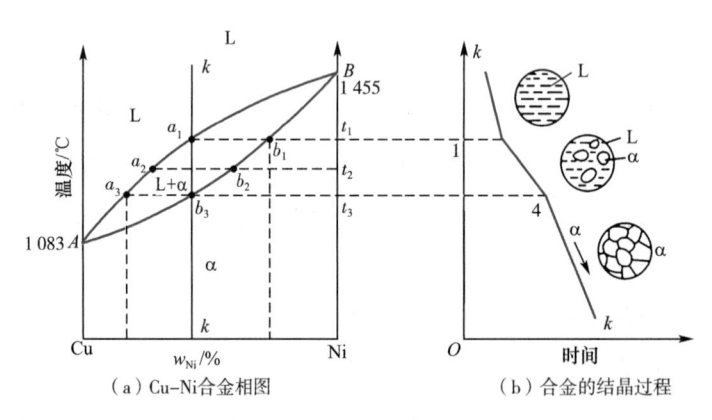

图 2-21 Cu-Ni 合金的结晶过程

①相图分析

Cu-Ni 合金相图为典型的匀晶相图。图 2-21 中 A 点的纵坐标为纯铜的熔点(1 083 ℃),B 点的纵坐标为纯镍的熔点(1 455 ℃),$Aa_3a_2a_1B$ 线为液相线,液相线以上的合金处于液相;$Ab_3b_2b_1B$ 线为固相线,固相线以下的合金处于固相。液相线和固相线表示合金系在平衡状态下冷却时结晶的始点和终点,同时也表示加热时熔化的终点和始点。L 为液相,是 Cu 和 Ni 形成的液溶体;α 为固相,是 Cu 和 Ni 组成的无限固溶体。图 2-21 中有两个单相区:液相线以上的 L 相区和固相线以下的 α 相区。图中还有一个两相区:液相线和固相线之间的 L+α 相区。

②合金的结晶过程

以 k 点成分的 Cu-Ni 合金为例分析结晶过程,该合金的冷却曲线和结晶过程如图 2-21(b)所示。该合金的成分垂线与相图上的液相线、固相线分别相交于 a_1、b_3 两点。当合金由液体以缓慢的冷却速度冷至 t_1 温度时,开始从液相中结晶出 α 相。随着温度继续下降,α 相的量不断增加,剩余液相的量不断减少,同时液相和固相的成分也将通过原子的扩散不断改变。在 t_1 温度时,液、固两相的成分分别为 a_1、b_1 点在横坐标上的投影。当缓慢冷却至 t_3 温度时,液、固两相的成分分别为 a_3、b_3 点在横坐标上的投影。总之,合金在整个冷却过程中,随着温度的降低,液相成分沿着液相线由 a_1 变至 a_3,而 α 相的成分沿着固相线由 b_1 变至 b_3。结晶终了时,获得与原合金成分相同的 α 固溶体。

由以上分析可知,固溶体合金的结晶过程与纯金属的不同之处是:合金是在一定温度范围内结晶的,随着温度降低,固相的量不断增多,液相的量不断减少。同时,液相的成分沿液相线变化,固相的成分沿固相线变化。

③枝晶偏析

合金在结晶过程中,只有在极其缓慢的冷却条件下原子才具有充分扩散的能力,固相的成分才能沿固相线均匀变化。但在实际生产条件下,冷却速度较快,原子扩散来不及充分进行,导致先后结晶出的固相成分存在差异,这种晶粒内部化学成分不均匀的现象称为枝晶偏析,如图 2-22 所示。枝晶偏析对材料

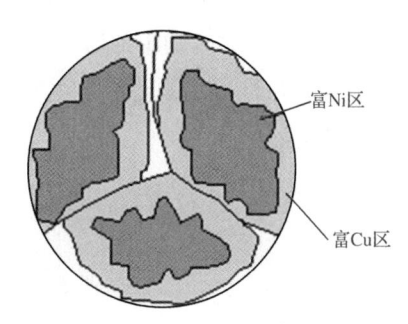

图 2-22 枝晶偏析

的力学性能、抗腐蚀性能、工艺性能都不利。生产上为了消除其影响,常把合金加热到高温(低于固相线 100 ℃左右),并进行长时间保温,使原子充分扩散,以获得成分均匀的固溶体,这种处理称为均匀化退火。

(3)共晶相图

由一种液相在恒温下同时结晶出两种固相的反应称为共晶转变,所生成的两相混合物(层片相间)称为共晶体。两组元在液态无限互溶,在固态有限互溶,冷却时发生共晶反应的合金系,称为共晶系,并构成共晶相图,例如 Pb-Sn、Al-Si、Ag-Cu 合金相图等。现以 Pb-Sn 合金相图(图 2-23)为例,对共晶相图及其合金的结晶过程进行分析。

①相图分析

如图2-23所示,A点的纵坐标为纯Pb的熔点(327.5 ℃),B点的纵坐标为纯Sn的熔点(231.9 ℃),AEB为液相线,$AMENB$为固相线。合金系有三种相:Pb与Sn形成的液溶体L相,Sn溶于Pb中的有限固溶体α相,Pb溶于Sn中的有限固溶体β相。相图中有三个单相区(L、α、β相区)、三个两相区(L+α、L+β、α+β相区)、一条L+α+β的三相共存线(MEN线)。E点为共晶点,表示该点成分(Sn的质量分数为61.9%)的合金冷却到此点所对应的温度(183℃)时,共同结晶出M点成分的α相和N点成分的β相:$L_E \rightarrow \alpha_M + \beta_N$。MEN线为共晶线,成分在$MN$之间的合金平衡结晶时都会发生共晶转变。$MF$线为Sn在Pb中的溶解度线。温度降低,固溶体的溶解度下降。Sn含量大于F点的合金从高温冷却到室温时,从α相中析出β相,以降低其Sn含量。从固态α相中析出的β相称为二次β,常写作β_{II}。NG线为Pb在Sn中的溶解度线。Sn含量小于G点的合金,冷却过程中同样发生二次结晶,从固态β相中析出的α相,称为二次α,写作α_{II}。

②典型合金的结晶过程

现以图2-23中所给出的四个典型合金为例,分析其结晶过程和显微组织。

● 合金Ⅰ的结晶过程如图2-24所示。液态合金冷却到1点温度后,发生匀晶转变,至2点温度时完全结晶成α固溶体,随后的冷却(2~3点的温度),α相不变。从3点温度开始,由于Sn在α相中的溶解度沿MF线降低,从α相中析出β_{II},到室温时α相中Sn含量逐渐变为F点。最后合金得到的组织为$\alpha + \beta_{II}$。其组成相是F点成分的α相和G点成分的β相。

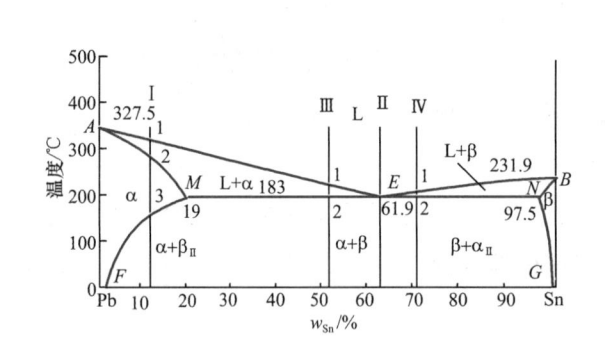

图2-23 Pb-Sn合金相图及成分线

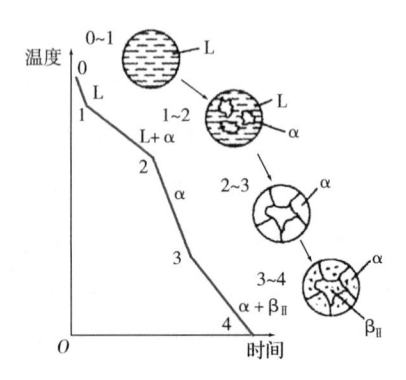

图2-24 合金Ⅰ的结晶过程

● 合金Ⅱ为共晶合金,其结晶过程如图2-25所示。合金从液态冷却到1点温度后,发生共晶转变:$L_E \rightarrow \alpha_M + \beta_N$亦经一定时间到1'点时反应结束,液态全部转变为共晶体($\alpha_M + \beta_N$)。从共晶温度冷却到室温时,共晶体中的α_M和β_N均发生二次结晶,从α相中析出β_{II},从β相中析出α_{II}的成分由M点变为F点,β相的成分由N点变为G点。由于析

出的 $β_{II}$ 都相应地同 α 和 β 相连在一起,共晶体的形态和成分不发生变化,不需要单独考虑,故合金的室温组织全部为共晶体,即只含一种组织组成物(α+β),而其组成相仍为 α 相和 β 相。

● 成分在 ME 之间的所有亚共晶合金的结晶过程均与合金Ⅱ相同,仅组织组成物和组成相的相对质量不同。成分越靠近共晶点,合金中共晶体的含量越多。位于共晶点右边,成分在 EN 之间的合金为过共晶合金(图 2-23 中的合金Ⅳ)。它们的结晶过程与亚共晶合金相似,也包括匀晶转变、共晶转变和二次结晶这三个转变阶段,不同之处是初生相为 β 固溶体,二次结晶过程为 β→$α_{II}$,所以室温组织为 α+$β_{II}$+(β+α),如图 2-26 所示。

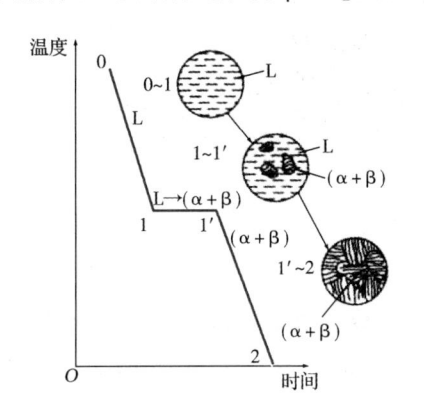

图 2-25 合金Ⅱ的结晶过程 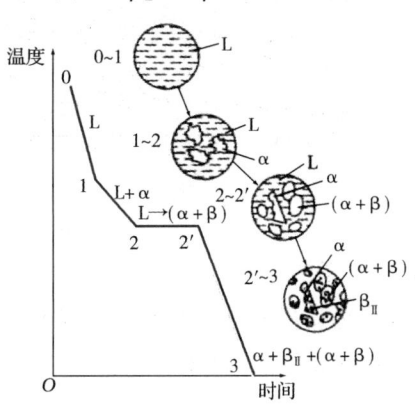　　图 2-26 合金Ⅳ的结晶过程

四 铁碳合金相图

黑色金属材料具有优良的力学性能和工艺性能,是现代工业中使用最广泛的金属材料。其基本组元是铁和碳,故统称为铁碳合金。

1.铁碳合金的基本相

铁碳合金在液态时,铁与碳可以无限互溶。在固态时,铁与碳的结合形式是:当碳的质量分数较小时,碳溶入铁的晶格形成固溶体;当碳的质量分数较大时,碳可以与铁形成 Fe_3C、Fe_2C、FeC 等一系列化合物。Fe_3C 中碳的质量分数为 6.69%,碳的质量分数大于 6.69% 的 Fe_2C 和 FeC 因性能太脆而无实用价值,故铁碳合金通常仅研究 w_c≤6.69% 的那部分合金,又称 Fe-Fe_3C 合金,如图 2-27 所示。铁碳合金在固态下的基本相分为固溶体与金属化合物两类。属于固溶体的基本相有铁素体和奥氏体,属于金属化合物的基本相有渗碳体。

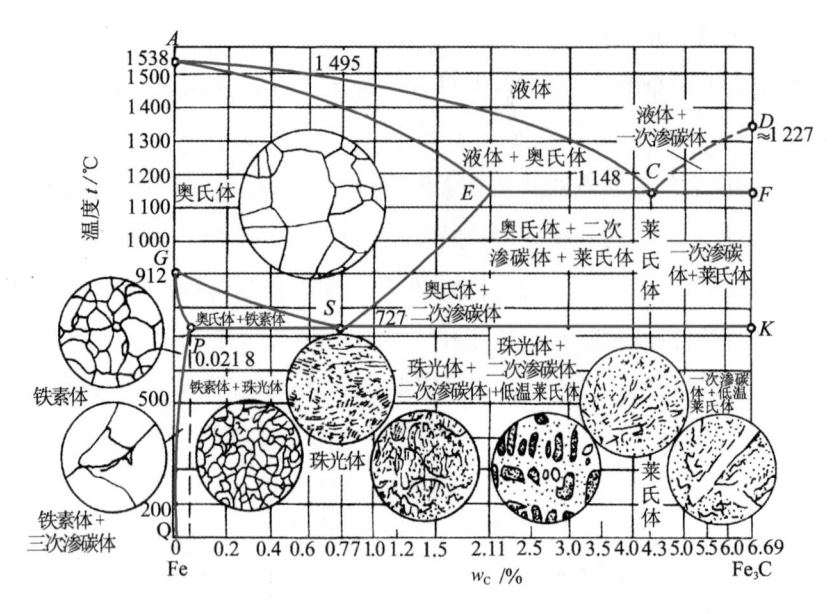

图 2-27 Fe-Fe₃C 相图

(1) 铁素体

铁素体是碳在 α-Fe 中的间隙固溶体，用符号 F 或 α 表示，为体心立方晶格。由于体心立方晶格间隙分散，间隙直径很小，因此溶碳能力极差，在 727 ℃时的最大溶解度为 0.021 8%（质量分数，下同）。随着温度下降，溶解度逐渐减小，室温时约为 0.000 8%，所以铁素体室温时的力学性能与工业纯铁接近，其强度和硬度较低，但具有良好的塑性和韧性。铁素体的显微组织与工业纯铁相同，在显微镜下呈现明亮的多边形等轴晶粒，如图 2-28 所示。

(2) 奥氏体

奥氏体是碳在 γ-Fe 中的间隙固溶体，用符号 A 或 γ 表示，为面心立方晶格。虽然它的晶格致密度高于 α-Fe，但由于晶格间隙集中，因此碳在 γ-Fe 中的溶解度相对较高，在 1 148 ℃时其最大溶解度达 2.11%。随着温度下降，溶解度逐渐减小，在 727 ℃时为 0.77%。奥氏体的存在温度较高（727～1 495 ℃），是铁碳合金一个重要的高温相。奥氏体的力学性能与其溶碳量及晶粒的大小有关。一般来说，奥氏体的硬度为 170～220HBW，$A=40\%\sim50\%$，具有良好的塑性和低的变形抗力，易于承受压力加工。通常在对黑色金属材料进行热变形加工时，如锻造、热轧等，都应将其加热成奥氏体状态，所谓"趁热打铁"正是这个意思。

高温下，奥氏体的显微组织也为明亮的多边形等轴晶粒（图 2-29），但晶界较平直，且常有孪晶存在。

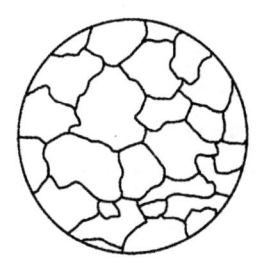

图 2-28 铁素体的显微组织　　　　　图 2-29 奥氏体的显微组织

(3) 渗碳体

渗碳体是铁和碳形成的具有复杂结构的金属化合物,用化学分子式 Fe₃C 表示,它的碳的质量分数 $w_c=6.69\%$,熔点为 1 227 ℃。渗碳体质硬而脆,硬度很高(约为 800HBW),塑性几乎为零,是铁碳合金的重要强化相。渗碳体在钢和铸铁中的存在形式有片状、粒状、网状、板条状。它的数量、形状、大小和分布状态对钢的性能影响很大。通常,渗碳体越细小,在固溶体基体中分布得越均匀,合金的力学性能越好;反之,渗碳体越粗大或呈网状分布,则脆性越大。渗碳体具有亚稳定性,在一定条件下会发生分解,形成石墨状的自由碳。

2.铁碳合金相图分析

不同成分的铁碳合金具有不同的组织,而不同的组织又具有不同的性能。为了便于在生产中合理使用,必须熟悉铁碳合金的成分、组织和性能之间的关系。Fe-Fe₃C 相图正是研究碳钢和铸铁成分、温度、组织和性能之间关系的理论基础,也是制定各种热加工工艺的依据。由于 Fe-Fe₃C 相图左上部分的包晶转变实用意义不大,为了便于研究,将其简化,得到图 2-30 所示的简化的 Fe-Fe₃C 相图。

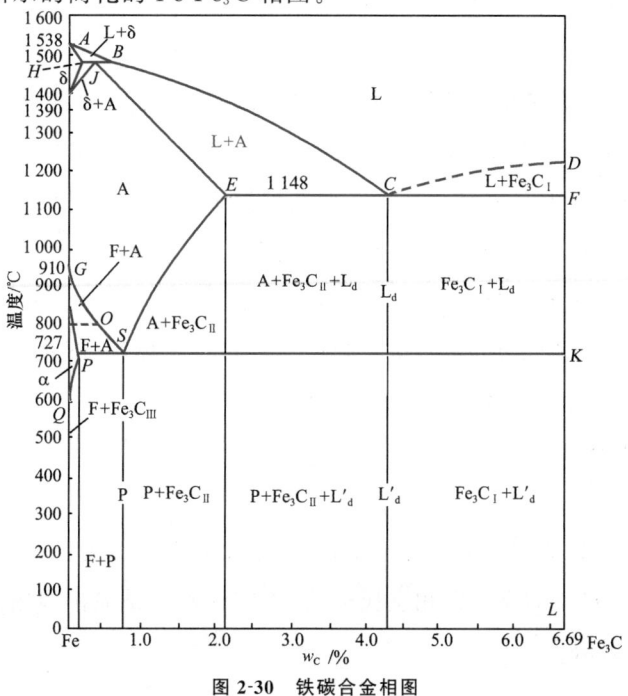

图 2-30 铁碳合金相图

（1）Fe-Fe₃C 相图中的主要特性点

Fe-Fe₃C 相图中主要特性点的温度、碳的质量分数及含义见表 2-2。

表 2-2　　　　　　　　相图中主要特性点的温度、碳的质量分数及含义

特性点	温度/℃	碳的质量分数/%	含义
A	1 538	0	纯铁的熔点
C	1 148	4.30	共晶点，发生共晶转变
D	1 227	6.69	渗碳体的熔点
E	1 148	2.11	碳在 γ-Fe 中的最大溶解度点
G	910	0	同素异构转变点
S	727	0.77	共析点，发生共析转变
P	727	0.021 8	碳在 α-Fe 中的最大溶解度点

① 共晶点

C 点为共晶点，合金在平衡结晶过程中冷却到 1 148 ℃ 时，C 点成分的液态合金发生共晶转变，生成 E 点成分的奥氏体和渗碳体。共晶转变在恒温下进行，转变过程中 L、A、Fe₃C 三相共存，共晶转变的产物是奥氏体与渗碳体的共晶混合物，称为莱氏体，用符号 L_d 表示。莱氏体组织中的渗碳体称为共晶渗碳体。在显微镜下莱氏体的形态是块状或粒状奥氏体（727 ℃ 时转变为珠光体）分布在渗碳体基体上。

② 共析点

S 点为共析点，合金在平衡结晶过程中冷却到 727 ℃ 时，S 点成分的奥氏体发生共析转变，生成 P 点成分的铁素体和渗碳体。共析转变与共晶转变类似，是指由一种固态恒温下同时结晶出两种固相的转变。共析转变在恒温下进行，转变过程中 A、F、Fe₃C 三相共存，共析转变的产物是铁素体与渗碳体的共析混合物，称为珠光体，用符号 P 表示。珠光体中的渗碳体称为共析渗碳体。在显微镜下珠光体的形态呈层片状。在显微镜放大倍数很高时，可清楚看到相间分布的渗碳体片（窄条）与铁素体片（宽条）。珠光体的强度较高，塑性、韧性和硬度介于渗碳体和铁素体之间。

（2）Fe-Fe₃C 相图中的主要特性线

① 液相线

ACD 线为液相线，在 ACD 线以上合金为液态，用符号 L 表示。液态合金冷却到此线时开始结晶，在 AC 线以下结晶出奥氏体，在 CD 线以下结晶出渗碳体，称为一次渗碳体，用符号 Fe_3C_I 表示。

②固相线

AECF 线为固相线,在此线以下合金为固态。液相线与固相线之间为合金的结晶区域,这个区域内液体和固体共存。

③转变线

ECF 线为共晶转变线。碳的质量分数在 2.11%～6.69% 范围内的铁碳合金,在平衡结晶过程中均发生共晶转变。

④共析转变线

PSK 线为共析转变线。碳的质量分数在 0.021 8%～6.69% 范围内的铁碳合金,在平衡结晶过程中均发生共析转变。PSK 线在热处理中又称 A_1 线。

⑤A_3 线

GS 线是合金冷却时自奥氏体中开始析出铁素体的临界温度线,通常称为 A_3 线。

⑥A_{cm} 线

ES 线是碳在奥氏体中的溶解度曲线,通常称为 A_{cm} 线。由于在 1 148 ℃ 时 A 中碳的质量分数最大为 2.11%,而在 727 ℃ 时仅为 0.77%,因此碳的质量分数大于 0.77% 的铁碳合金从 1 148 ℃ 冷却至 727 ℃ 的过程中,将从奥氏体中析出渗碳体。析出的渗碳体称为二次渗碳体,用 Fe_3C_{II} 表示。A_{cm} 线也是从奥氏体中开始析出 Fe_3C_{II} 的临界温度线。

⑦溶解度曲线

PQ 线是碳在铁素体中的溶解度曲线。在 727 ℃ 时铁素体中碳的质量分数最大可达 0.021 8%,室温时仅为 0.000 8%,因此碳的质量分数大于 0.000 8% 的铁碳合金自 727 ℃ 冷却至室温的过程中,将从铁素体中析出渗碳体,称为三次渗碳体,用 Fe_3C_{III} 表示。PQ 线也为从铁素体中开始析出 Fe_3C_{III} 的临界温度线。Fe_3C_{III} 数量极少,往往可以忽略。

(3)铁碳合金分类

铁碳相图上的合金,按成分不同可分为三类:

①工业纯铁(w_c<0.021 8%)。其显微组织为铁素体晶粒,工业上很少应用。

②碳钢(w_c=0.021 8%～2.11%)。其特点是高温组织为单相 A,易于变形。碳钢又分为亚共析钢(w_c=0.021 8%～0.77%)、共析钢(w_c=0.77%)和过共析钢(w_c=0.77%～2.11%)。

③白口铸铁(w_c=2.11%～6.69%)。其特点是铸造性能好,但硬而脆。白口铸铁又分为亚共晶白口铸铁(w_c=2.11%～4.30%)、共晶白口铸铁(w_c=4.30%)和过共晶白口铸铁(w_c=4.30%～6.69%)。

第二节　金属材料的强化与处理

一　钢的热处理

钢的热处理是指将钢在固态下加热到预定的温度,保温一定时间,然后以预定的方式冷却到室温,来改变其内部组织结构,以获得所需性能的一种热加工工艺。热处理工艺包括加热、保温和冷却三个阶段,温度和时间是决定热处理工艺的主要因素,因此热处理工艺可以用温度-时间曲线来表示,该曲线称为钢的热处理工艺曲线,如图 2-31 所示。

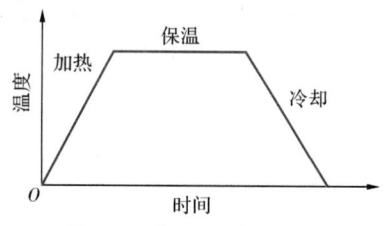

图 2-31　热处理工艺曲线

热处理的特点是改变零件或者毛坯的内部组织,而不改变其形状和尺寸。热处理的目的主要是消除毛坯中的某些缺陷,细化晶粒,减小内应力,改善毛坯的切削性能、零件的力学性能,从而提高其使用性能。对于机械装备制造行业来说,大部分零件都要经过不同的热处理以后才能使用,例如,机床中 60%～70% 的工件需要经过热处理,汽车中 70%～80% 的零件也需要进行热处理。

热处理工艺种类繁多,根据加热、冷却方式的不同及组织、性能变化特点的不同,热处理可以分为普通热处理(包括退火、正火、淬火和回火等)和表面热处理(包括表面淬火、渗碳和碳氮共渗等)。按照热处理在零件生产过程中的位置和作用不同,热处理工艺还可分为预备热处理和最终热处理。在生产工艺流程中,工件经切削加工等成形工艺而得到最终的形状和尺寸后,再进行的赋予工件所需使用性能的热处理称为最终热处理。而预备热处理是零件加工过程中的一道中间工序(也称为中间热处理),是为后续加工(如切削加工、冲压加工等)或热处理做准备的热处理工艺。

因此,要了解各种热处理工艺方法,需首先研究钢在加热和冷却过程中组织变化的规律。

1.钢在加热时的组织转变

钢能进行热处理,是由于钢在固态下具有相变。通过固态相变,可以改变钢的组织结构,从而改变钢的性能。钢中固态相变的规律称为热处理原理,它是制定热处理的加热温度、保温时间和冷却方式等工艺参数的理论基础。

实际热处理时,加热和冷却相变都是在不完全平衡的条件下进行的,相变温度与 $Fe-Fe_3C$ 相图中的相变点之间存在一定差异。由 $Fe-Fe_3C$ 相图可知,钢在平衡条件下的

固态相变点分别为 A_1、A_3 和 A_{cm}。在实际加热和冷却条件下,钢发生固态相变时都有不同程度的过热度或过冷度(图 2-32)。因此,为与平衡条件下的相变点相区别,而将在加热时实际的相变点分别称为 Ac_1、Ac_3、Ac_{cm},在冷却时实际的相变点分别称为如 Ar_1、Ar_3、Ar_{cm}。

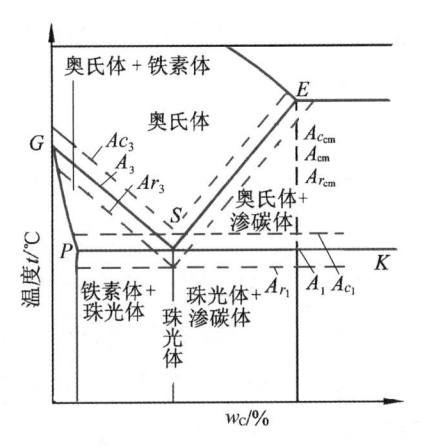

图 2-32 加热和冷却时碳钢的相变点在 Fe-Fe₃C 相图上的位置

(1)奥氏体的形成

钢的热处理大多是将钢加热到临界温度以上,获得奥氏体组织,然后再以不同的方式冷却,使钢获得不同的组织而具有不同的性能。通常将钢加热获得奥氏体的转变过程称为奥氏体化过程。奥氏体化过程分为两种:一种是使钢获得单相奥氏体,称为完全奥氏体化;另一种是使钢获得奥氏体和渗碳体(或奥氏体和铁素体)的两相组织,称为不完全奥氏体化。

以共析碳钢(碳的质量分数为 0.77%)为例,加热前为珠光体组织,一般为铁素体相与渗碳体相相间排列的层片状组织,加热过程中奥氏体转变过程可分为四个阶段进行,即奥氏体的形核、奥氏体晶核的长大、残余渗碳体的溶解以及奥氏体成分的均匀化,如图 2-33 所示。

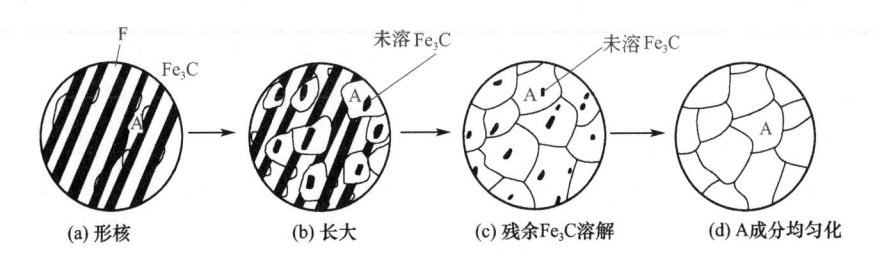

图 2-33 共析碳钢的奥氏体化

①形核

共析碳钢加热到 Ac_1 时,原铁素体的体心立方晶格结构会改组为奥氏体的面心立方晶格结构,原渗碳体的复杂晶格结构会转变为面心立方晶格结构。相界面上以两种晶格过渡结构排列原子偏离平衡位置,碳浓度分布不均匀,位错密度较高,处于能量较高的状态,两相界面越多,奥氏体晶核越多,这些在化学成分、结构和能量上为形成奥氏体晶核提供了有利条件。

②长大

奥氏体形成晶核以后,奥氏体的相界面会向铁素体和渗碳体两个方向同时长大,使得奥氏体中不同位置碳浓度发生变化,从而引起碳在奥氏体中从浓度高的一侧向浓度低的一侧移动,同时打破原相界面处碳浓度的平衡,则奥氏体中靠近铁素体一侧的碳浓度升高,靠近渗碳体一侧的碳浓度降低。为了恢复碳浓度的平衡,就必须促使铁素体向奥氏体转变以及渗碳体的溶解。这样,奥氏体中与铁素体和渗碳体相界面处碳平衡浓度的破坏与恢复的反复循环过程,就使奥氏体逐渐向铁素体和渗碳体两个方向长大,直至铁素体完全消失,逐步使奥氏体晶核长大。

③残余渗碳体的溶解

由于渗碳体的晶体结构与奥氏体差别较大,铁素体转变为奥氏体的速度远高于渗碳体的溶解速度,在铁素体完全转变之后,仍会有部分渗碳体未溶解。随着保温时间延长或继续升温,剩余渗碳体不断溶入奥氏体中,直至全部渗碳体溶解完为止。

④奥氏体化学成分的均匀化

奥氏体转变结束以后,即使渗碳体全部溶解,奥氏体内的成分仍不均匀,在原铁素体形成奥氏体的区域,碳的质量分数较小,而在原来渗碳体处碳的质量分数较大,因而,还需要继续保温足够的时间,让碳原子充分扩散,奥氏体的化学成分才可能均匀。

亚共析钢与过共析钢的奥氏体化与共析钢基本相同,即在 Ac_1 温度以上加热,无论亚共析钢或是过共析钢中的珠光体均要转变为奥氏体。不同的是铁素体的完全转变要在 Ac_3 以上,二次渗碳体的完全溶解要在温度 Ac_{cm} 以上。加热后冷却过程的组织转变也仅是奥氏体向其他组织的转变,其中的铁素体及二次渗碳体在冷却过程中不会发生转变。

(2)奥氏体晶体的长大及其控制

奥氏体形成以后,在继续加热和保温的条件下,残余的渗碳体逐渐溶解,奥氏体慢慢均匀化,晶粒将开始长大。奥氏体晶粒的长大过程是自发的大晶粒吞并小晶粒,致使晶界面积减小,降低表面能量。奥氏体的晶粒大小对钢的冷却转变及转变产物的组织和性能都有重要的影响,因此,需要了解奥氏体晶粒度的概念以及影响奥氏体晶粒度的因素。

①奥氏体的晶粒度

奥氏体的晶粒大小用晶粒度来表示。晶粒度是指在金相显微镜下,单位面积上的晶粒个数。奥氏体的晶粒度分为8个级别,1级最粗,8级最细(图2-34)。晶粒度的评定一般采用比较法,即金相试样在放大100倍的显微镜下,与标准的图谱相比。奥氏体晶粒大小与晶粒度级别的关系为

$$n = 2^{N-1}$$

式中 n——在显微镜下放大100倍时,每平方英寸面积上的奥氏体晶粒个数;

N——奥氏体的晶粒度级别。

由该式可知,晶粒度级别 N 越小,单位面积中的晶粒度数目越少,则晶粒度越大。通常 $N<1$ 为超粗晶粒;$N=1\sim4$ 为粗晶粒;$N=5\sim8$ 为细晶粒;$N>8$ 为超细晶粒。

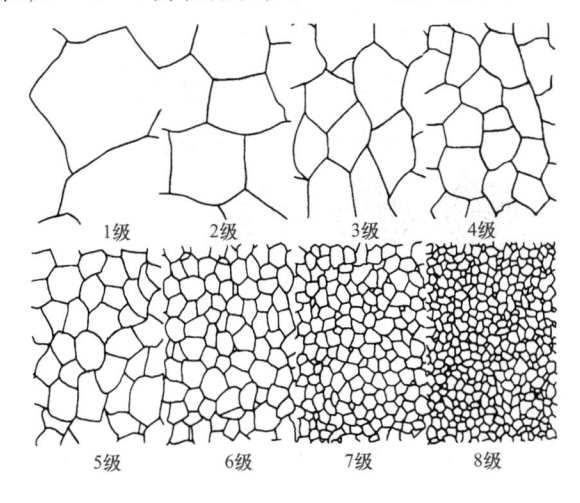

图2-34 钢中晶粒度标准图谱

奥氏体晶粒度的概念有以下三种:

● 起始晶粒度。奥氏体转变刚刚完成,即奥氏体晶粒边界刚刚相互接触时的奥氏体晶粒大小称为起始晶粒度。通常情况下,起始晶粒度总是比较细小、均匀的。

● 实际晶粒度。钢在某一具体的热处理或热加工条件下实际获得的奥氏体晶粒的大小称为实际晶粒度。实际晶粒一般总比起始晶粒大。它的大小直接影响钢热处理后的组织结构和性能。

● 本质晶粒度。根据国家标准,在(930±10)℃保温3~8 h,冷却后放大100倍,在显微镜下测定的奥氏体晶粒大小称为本质晶粒度。晶粒度为1~4级,称为本质粗晶粒钢,晶粒度为5~8级,则为本质细晶粒钢。

本质晶粒度表示在规定的加热条件下,奥氏体晶粒长大的倾向性大小,不能认为本质细晶粒钢在任何加热条件下晶粒都不粗化。随着温度升高,奥氏体晶粒长大的倾向存在两种可能性,一种是随着温度升高,奥氏体晶粒迅速长大,称为本质粗晶粒钢;另一种是在

930 ℃以下，随着温度升高，奥氏体晶粒长大速度很缓慢，称为本质细晶粒钢（图 2-35）。由图 2-35 可以看出，本质细晶粒钢在 950～1 000 ℃以后也可能迅速长大，所以本质细晶粒钢淬火的加热温度范围较宽，易于生产操作。但本质粗晶粒钢在加热过程中必须严格控制温度，避免奥氏体晶粒粗化。

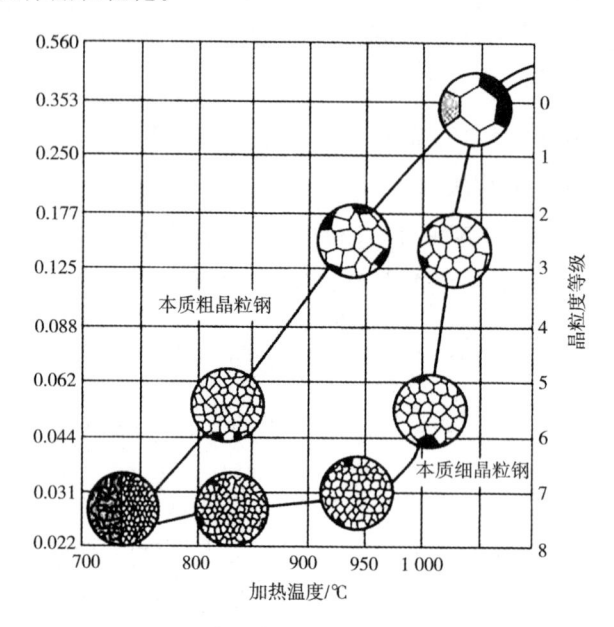

图 2-35　本质粗晶粒钢与本质细晶粒钢的晶粒长大倾向

② 影响奥氏体晶粒度长大的因素

● 加热温度和保温时间。提高加热温度和延长保温时间，会加速原子扩散，有利于晶界迁移，使奥氏体图晶粒长大迅速，随着保温时间的延长，奥氏体晶粒长大放缓，当奥氏体晶粒长大到一定尺寸后，继续延长保温时间，晶粒不再明显长大，并且加热温度升高，奥氏体晶粒长大越来越迅速。这说明在加热温度和保温时间这两个因素中，温度的影响尤为显著。所以，要想获取细小奥氏体晶粒，热处理时，在合理选择保温时间的同时，更应该严格控制加热温度。

● 加热速度。奥氏体转变过程中，加热速度越快，过热度越大，则奥氏体的形核率越大于长大率，转变刚结束时的奥氏体晶粒越细小。但是保温时间不能太长，否则晶粒很容易长大。所以实际生产中的表面淬火就是利用快速加热、短时保温的方法，来获得细小的奥氏体晶粒。

● 化学成分的影响。化学成分的影响可分为碳的影响和合金元素的影响。所谓合金元素，是指为了提高钢的性能而在冶炼钢时添加的元素。

钢中碳的质量分数对奥氏体晶粒长大的影响很大。随着奥氏体中碳的质量分数的增加，碳原子和铁原子扩散速度加快，晶界迁移速度增大，奥氏体晶粒长大的倾向性增强。

但当超过奥氏体饱和碳浓度以后,由于出现残余渗碳体,产生机械阻碍作用,因此晶粒长大倾向性减小。

钢中加入适量的强碳化物形成元素,如与钛(Ti)、钒(V)、锆(Zr)、铬(Cr)、铌(Nb)等,这些元素和碳化合形成熔点高、稳定性强的碳化物,分布在奥氏体晶粒内具有阻碍晶界迁移、抑制奥氏体晶粒长大的作用。其中 Ti、V、Zr、Nb 的作用显著,不形成碳化物的合金元素,如硅(Si)、镍(Ni)、铜(Cu)也有阻碍奥氏体晶粒长大的作用,但作用不明显。而锰(Mn)、磷(P)、氮(N)等元素融入奥氏体后,加速铁原子的自由扩散,从而促进奥氏体晶粒长大。

2.钢在冷却时的组织转变

钢加热的目的是获得细小、成分均匀的奥氏体晶粒,为随后的冷却转变做组织准备。而钢的冷却方式和冷却速度对钢冷却后的组织和性能却产生决定性的影响,因此研究钢在不同条件下冷却时奥氏体的组织转变规律,就显得尤为重要。

在热处理生产中,冷却速度比较快,奥氏体冷却时发生转变的温度通常低于临界点,即有一定的过冷度,所以奥氏体的转变不符合铁碳合金相图规律。经奥氏体化的钢迅速冷却至 A_{c_1} 以下,这种暂时存在的且不稳定状态的奥氏体称为过冷奥氏体。钢在冷却时的转变,实质上是过冷奥氏体的转变。过冷奥氏体的转变产物,取决于它的转变温度,而转变温度又主要与冷却的方式和速度有关。热处理生产中,奥氏体化的钢常有两种冷却方式(图 2-36):一种是等温冷却,将奥氏体化的钢迅速冷却至平衡临界温度 A_1 以下的某一温度,保温一定时间,使过冷奥氏体发生等温转变,转变结束后再冷至室温;另一种是连续冷却,将奥氏体化的钢以一定冷却速度冷却至室温,使过冷奥氏体在一定温度范围内发生连续转变。

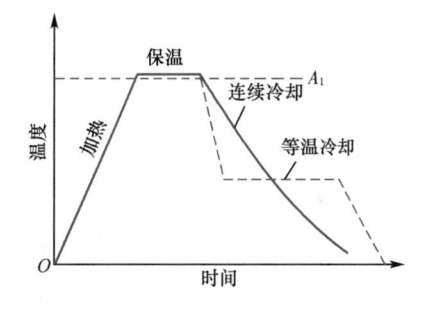

图 2-36 两种冷却方式

(1)过冷奥氏体的等温转变

过冷奥氏体在不同温度下的组织等温转变,对钢的组织和性能起着重要的作用。将奥氏体化的共析钢快速冷却至临界点以下的某一温度,等温保持一定时间,并测定奥氏体转变量与时间的关系,即可得到过冷奥氏体等温转变图(又称 TTT 曲线)。它具体反映出奥氏体在转变过程中转变时间、温度和转变量之间的关系。下面以金相法为例测定共析钢过冷奥氏体等温转变曲线的建立过程。

将共析钢试样分成若干组,每次取一组试样,在盐浴炉内加热使之奥氏体化后,置于一定温度的恒温盐浴槽中进行等温转变,停留不同时间后,然后测得各个不同温度下过冷奥氏体的转变量与时间的关系,在显微镜下观察,可以发现奥氏体转变为新相——马氏体和珠光体。当在显微镜下发现某一试样刚出现灰黑色产物为过冷奥氏体转变起始时间,到某一试样中无白亮的马氏体时,所对应的时间即转变终了时间。用上述方法分别测定不同等温条件下奥氏体转变开始和终了时间。将图中各动力学曲线上的起始时间和终了时间标记在坐标图上,并用光滑的曲线将起始点和终止点连起来,即得到过冷奥氏体等温转变曲线。因为过冷奥氏体等温转变曲线和英文字母"C"相似,故简称 C 曲线(图 2-37)。

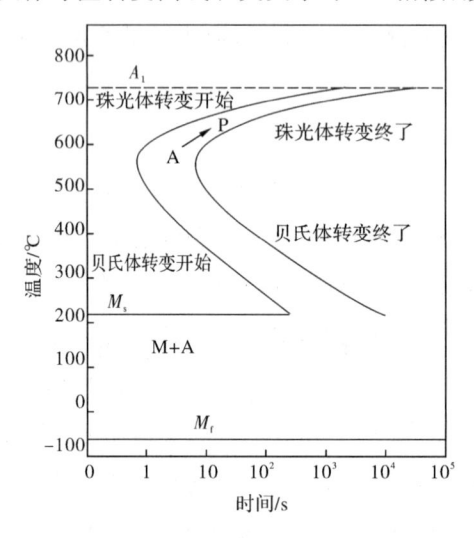

图 2-37 共析钢过冷奥氏体等温转变动力学曲线

实验表明,当过冷奥氏体快速冷至不同的温度区间进行等温转变时,可能得到不同的产物及组织。图 2-37 中,C 曲线上部的水平线是珠光体和奥氏体的平衡温度,线以上为奥氏体稳定区域,C 曲线下部,M_s 表示奥氏体向马氏体转变开始温度,M_f 表示奥氏体向马氏体转变终了温度,两条水平线之间为马氏体和过冷奥氏体的共存区。其中左边曲线为转变开始线,右边曲线为转变终止曲线,在 A_1 线以下和转变开始线以左为过冷奥氏体区,转变终止曲线以右为转变产物珠光体或贝氏体区,M_f 以下为转变产物马氏体区;而转变开始线与转变终了线之间为转变过渡区,同时存在奥氏体和珠光体或奥氏体和贝氏体。

过冷奥氏体等温转变开始所经历的时间称为孕育期,孕育期的长短表示过冷奥氏体稳定性的大小。过冷奥氏体在不同温度下等温转变所需的孕育期是不同的。随着转变温度的变化,孕育期先逐渐缩短,然后又逐渐变长,共析钢在 550 ℃左右孕育期最短,过冷奥氏体最不稳定,它的转变速度最快,这里称为 C 曲线的"鼻尖","鼻尖"孕育期的过冷度较大,因而相变驱动力较大,且原子在此温度下扩散能力也较强,因此新相的形核、长大最快,孕育期最短。在"鼻尖"以上区间,虽然原子在温度较高的条件下扩散能力较强,但由于过冷度太小,使得新相形核、长大较为困难,孕育期随温度升高而延长;在"鼻尖"以下区间,虽然过冷度较大,但由于此时温度已较低,原子扩散比较困难,故孕育期也较长,且孕育期随温度降低而延长。

(2)过冷奥氏体等温转变产物与性能

在不同过冷度下,过冷奥氏体等温转变的组织形态和性能有明显差别,大致可分为以下三种类型:高温珠光体转变、中温贝氏体转变和低温马氏体转变。

① 珠光体转变

过冷奥氏体在 A_1~550 ℃ 温度范围等温时,将发生珠光体型转变。由于转变温度较高,原子具有较强的扩散能力,转变产物形成铁素体与渗碳体两相组成的相间排列的层片状的机械混合物组织,所以这种类型的转变又称珠光体转变。等温温度越低,铁素体层和渗碳体层越薄,层间距(一层铁素体和一层渗碳体的厚度之和)越小,硬度越高。根据片层的厚薄不同,这类组织又可细分为珠光体、索氏体、托氏体三种,如图 2-38 所示。

(a)光学显微镜下的珠光体　　(b)光学显微镜下的索氏体　　(c)电子显微镜下的托氏体

图 2-38　光学显微镜下的珠光体、索氏体、托氏体

珠光体:其形成温度为 A_1~650 ℃,片层间距为 0.60~0.80 μm,片层较厚,一般在 500 倍的光学显微镜下才可分辨。用符号 P 表示。

索氏体:其形成温度为 650~600 ℃,片层间距为 0.25~0.40 μm,片层较薄,一般在 800~1 000 倍光学显微镜下才可分辨。用符号 S 表示。

托氏体:其形成温度为 600~550 ℃,片层间距为 0.10 μm,片层极薄,只有在电子显微镜下才能分辨。用符号 T 表示。

奥氏体转变为珠光体的过程也是形核和长大的过程。由面心立方晶格的奥氏体转变为由体心立方晶格的铁素体和复杂六方晶格的渗碳体组成的珠光体,转变时有两个物理过程同时进行:一是晶格重组,由面心立方的奥氏体转变为体心立方的铁素体和复杂立方的渗碳体;二是碳原子和铁原子扩散产生高碳的渗碳体和低碳的铁素体。

② 贝氏体转变

过冷奥氏体在 550 ℃~M_s 温度范围等温时,将发生贝氏体转变,转变产物为由含碳过饱和的铁素体和弥散分布的渗碳体组成的组织,称为贝氏体,用符号 B 表示。贝氏体只发生碳原子扩散,铁原子不扩散,即贝氏体的转变为扩散型转变,这一点不同于珠光体的转变。但其形貌和渗碳体的分布与珠光体也不同,硬度也要比珠光体高。

根据贝氏体的组织形态和形成温度区间不同,又可将其划分为上贝氏体与下贝氏体。

● 上贝氏体:共析钢在550~350 ℃温度范围内,条状或片状铁素体从奥氏体晶界开始向晶内以同样方向平行生长。随着铁素体的变宽和伸长,其中的碳原子向条间的奥氏体中富集,最后在铁素体条之间析出渗碳体短棒,奥氏体逐渐消失,从而形成上贝氏体。在光学显微镜下,上贝氏体呈羽毛状,铁素体呈暗黑色,渗碳体呈白亮色(图2-39)。上贝氏体的特征是铁素体成簇分布,渗碳体分布在铁素体条之间,使条间容易脆性断裂,强度和韧性较低。

图2-39　光学显微镜下羽毛状的上贝氏体

● 下贝氏体:共析钢在350 ℃~M_s温度范围内,由于温度较低,碳原子扩散较慢。铁素体在奥氏体的晶界或晶内的某些晶面上长成针状。尽管最初形成的铁素体固溶碳原子较多,但碳原子扩散能力较低,因而不能逾越铁素体片的范围,只能在铁素体内一定的晶面上以断续碳化物小片的形式析出,从而形成下贝氏体。在光学显微镜下(图2-40),下贝氏体呈针叶状,含过饱和碳的铁素体呈针片状。下贝氏体中铁素体细小,分布均匀,在铁素体内又析出细小弥散的碳化物,加之铁素体内含有过饱和的碳以及高密度的位错,因而,下贝氏体不但韧性好,而且强度较高,具有较优良的综合力学性能,因此生产中常采用等温淬火来获得下贝氏体组织。

(a)光学显微镜下下贝氏体组织 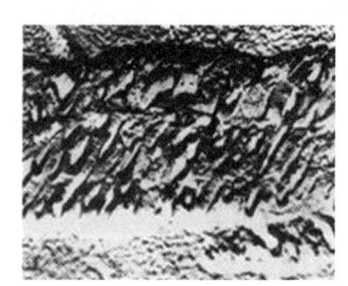　　(b)电子显微镜下下贝氏体组织

图2-40　光学显微镜下针叶状下贝氏体组织

③马氏体转变

将奥氏体自A_1线以上快速冷却到M_s以下,使其冷却曲线不与C曲线相遇,则将发生马氏体的转变。马氏体转变属于低温转变,这个转变持续至马氏体形成终了温度。

由于马氏体转变温度较低,过冷度很大,形成速度极快,故铁、碳原子都不能进行扩散,所以说过冷奥氏体转变为马氏体是一种非扩散型转变的过程。这样奥氏体将直接转变成一种含碳过饱和的α固溶体,用符号M表示。

马氏体的组织形态因其成分和形成条件而异,通常分为板条状马氏体和针状马氏体两种基本类型。

碳的质量分数小于 0.2% 的低碳马氏体在光学显微镜下呈现为平行成束分布的板条状组织。在每个板条内存在有高密度位错,因此板条状马氏体(图 2-41)又称为位错马氏体。当碳的质量分数大于 1.0% 时,则大多数是针状马氏体(也称高碳马氏体,图 2-42)。针状马氏体在光学显微镜中呈竹叶状或凸透镜状,在空间形同铁饼。高倍透射电镜分析表明,针状马氏体内有大量孪晶,因此也称为孪晶马氏体。碳的质量分数介于两者之间的马氏体,则为板条状马氏体和针状马氏体的混合组织。

图 2-41 板条马氏体组织　　图 2-42 针状马氏体组织

马氏体的硬度和强度主要取决于其中的碳的质量分数,随着马氏体碳的质量分数的增大,马氏体的硬度和强度也随之增大。马氏体的塑性和韧性也与其碳的质量分数有关。高碳马氏体的碳的质量分数高,晶格的畸变增大,淬火内应力也较大,往往存在许多显微裂纹,针状马氏体中的微细孪晶破坏了滑移系,也使脆性增大,性能特点表现为硬度高而脆性大。低碳板条状马氏体碳的过饱和程度小,高密度位错分布不均匀,存在低密度区,为位错提供了活动余地。由于位错运动能缓和局部应力集中,因而对韧性有利。此外,淬火应力小,不存在显微裂纹,裂纹通过马氏体条也不易扩展,所以板条马氏体具有很高的塑性和韧性。

马氏体的转变是一个连续冷却的转变过程,随着温度的降低,过冷的奥氏体不断地转变为马氏体,但马氏体的转变是不彻底的,冷却到附点温度,转变停止,此时仍有一部分过冷的奥氏体没有转变为马氏体,这部分奥氏体为残留奥氏体。而残留奥氏体的含量与 M_s、M_f 的位置有关。奥氏体中的碳的质量分数越高,则 M_s、M_f 越低(图 2-43),残留奥氏体含量越高。

(3)影响过冷奥氏体等温转变的因素

① 碳的质量分数的影响

图 2-44 所示为亚共析钢、共析钢和过共析钢的 TTT 曲线比较。从图中可知,它们都

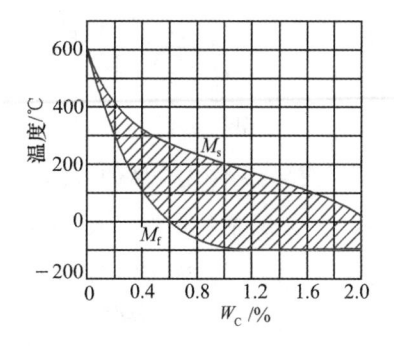

图 2-43 奥氏体的碳含量对马氏体转变温度的影响

具有奥氏体转变开始线与转变终止线,但在亚共析钢和过共析钢的 C 曲线上多出一条过冷奥氏体转变为铁素体的转变开始线。

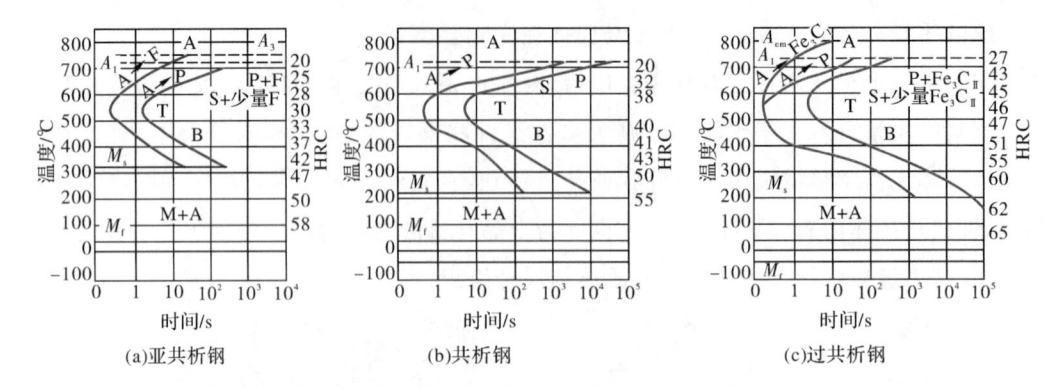

图 2-44 亚共析钢、共析钢和过共析钢的 TTT 曲线比较

亚共析钢的过冷奥氏体等温转变曲线中,随着碳的质量分数的减小,C 曲线位置往左移,同时 M_s、M_f 线往上移。亚共析钢的过冷奥氏体等温转变过程与共析钢类似。但在高温转变区过冷奥氏体有一部分将会先转变为铁素体,而剩余的过冷奥氏体再转变为珠光体型组织。例如,45 钢在 600～650 ℃等温转变后,形成的产物为 F+S。

过共析钢过冷奥氏体等温转变曲线的上部为过冷奥氏体析出二次渗碳体开始线。当加热温度为 Ac_1 以上 30～50 ℃时,过共析钢随着碳的质量分数的增加,C 曲线向左移动,同时 M_s、M_f 线向下移。在高温转变区,过共析钢的过冷奥氏体将先析出二次渗碳体,其余的过冷奥氏体再转变为珠光体型组织。如 T10 钢在 A_1～650 ℃等温转变后,其产物为 $Fe_3C_Ⅱ$＋P。

② 合金元素的影响

除了钴(Co)以外,所有溶入奥氏体中的合金元素都增大过冷奥氏体的稳定性,均使 C 曲线右移,当过冷奥氏体中含有较多的 Cr、W、M、V、Ti 等碳化物形成元素时,C 曲线的形状还会发生变化,甚至 C 曲线分离成上、下两部分,形成两个"鼻子",两者之间出现一个过冷奥氏体较为稳定的区域。

③ 加热温度和保温时间的影响

随着奥氏体化温度的升高和保温时间的延长,奥氏体的成分越均匀,同时,未溶碳化物数量减小,晶粒变得粗大,晶界面积减小,这些都降低了奥氏体分解的形核率,增加过冷奥氏体的稳定性,使 C 曲线右移。

(4)过冷奥氏体连续冷却转变曲线

实际热处理生产中,过冷奥氏体的转变是在连续冷却过程中并在一定温度范围内进行的,虽然可以利用等温转变曲线来定性分析连续冷却时过冷奥氏体的转变过程,但分析结果与实际结果往往存在误差,因而必须建立过冷奥氏体连续冷却转变曲线,又称 CCT

曲线(图2-45)。

由CCT曲线可知,共析钢在连续冷却时,只发生珠光体转变和马氏体转变,而没有贝氏体转变,这是因为共析钢在连续冷却时,强烈抑制贝氏体转变。图2-45中阴影区的两条曲线分别为珠光体转变开始与终了曲线,AB线为珠光体转变中止线,它表示冷却曲线碰到此线时,过冷奥氏体就不再发生珠光体转变,一直保留到M_s点以下转变为马氏体。

从图2-45分析可知,以不同的冷却速度连续冷却时,过冷奥氏体将会转变为不同的组织。冷却速度与过冷奥氏体转变组织的关系可以通过连续转变冷却曲线反映出来。由图2-46可知,连续转变曲线(实线)位于等温冷却C曲线(虚线)的右上方;但亚共析钢的CCT曲线与共析钢却大不相同,它除了多出一条先共析铁素体的析出线以外,还出现了贝氏体的转变区,因此转变产物常由几种组成,即常得到混合组织,并且组织不够均匀,先形成的组织较粗,后形成的组织较细。

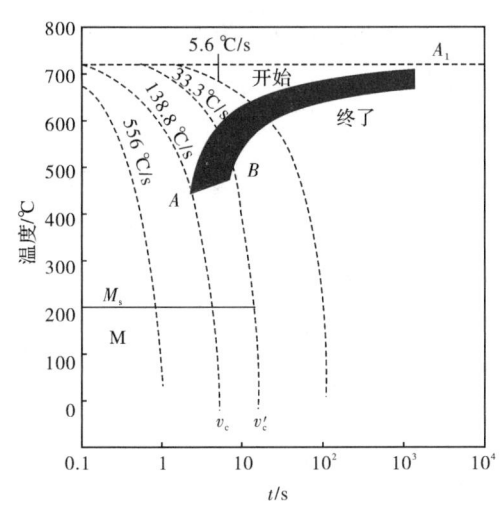

图2-45 共析钢过冷奥氏体连续冷却转变曲线   图2-46 共析钢的等温冷却转变曲线与连续冷却转变曲线

3.钢的普通热处理

(1)钢的退火与正火

退火与正火是生产中应用很广泛的预备热处理工艺,主要用于消除前一道工序所带来的某些缺陷,改善材料的切削加工特性,为最终热处理做组织准备。退火与正火常安排在铸造、锻造之后,切削加工之前。对一般铸件、锻件、焊件以及受力不大、性能要求不高的机器零件,也可以作为最终热处理。

①钢的退火

退火是把钢加热到适当的温度,保温一定时间,然后缓慢冷却(一般为随炉冷却),以获得接近平衡状态组织的热处理工艺。退火的目的是降低硬度,提高塑性,以利于切削加工或继续冷变形;细化晶粒,消除组织缺陷,改善钢的性能,并为最终热处理做组织准备;

消除内应力,稳定工件尺寸,防止变形与开裂。

根据处理的目的和要求不同,钢的退火可分为完全退火、等温退火、球化退火、去应力退火和均匀化退火等。

- 完全退火。完全退火又称重结晶退火,是将钢完全奥氏体化后随炉缓冷(加热温度为 Ac_3 以上 30~50 ℃),以获得接近平衡状态组织的热处理工艺。完全退火的作用和目的在于使钢件通过完全重结晶细化晶粒,均匀组织,提高性能;对于中碳以上的碳钢和合金钢而言,完全退火后可以降低硬度,消除内应力,改善切削加工性能。完全退火一般用于亚共析钢,低碳钢和过共析钢不宜采用。低碳钢完全退火后硬度偏低,不利于切削加工。过共析钢完全退火,缓慢冷却,渗碳体有充分的时间析出,大量的渗碳体在晶界上连成网状,使钢的硬度不均匀,塑性和韧性显著降低。

- 等温退火。等温退火是将钢件或毛坯加热到高于 Ac_3(或 Ac_1)的温度,保持适当时间后较快地冷却到珠光体转变温度区间的某一温度,使奥氏体转变为珠光体组织,然后缓慢冷却的热处理工艺。等温退火的目的与完全退火相同,能获得均匀的预期组织,对于奥氏体较稳定的合金钢,可大大缩短退火时间。

- 球化退火。球化退火是使钢中碳化物球状化的热处理工艺,主要适用于共析钢和过共析钢。球化退火的加热温度为 Ac_1 以上 20~30 ℃,保温时间较长,使片状渗碳体发生不完全溶解,断开成细小的链状或点状,弥散分布在奥氏体基体上。在随后的缓冷过程中,以原有的渗碳体质点为核心形成均匀的颗粒状渗碳体。球化退火的目的是使网状二次渗碳体和珠光体中的渗碳体球状化,以降低硬度,改善切削加工性能,并为以后的淬火做组织准备。

- 去应力退火。为了去除由于塑性变形加工、焊接等造成的应力以及铸件内存在的残余应力而进行的低温退火称为去应力退火。去应力退火是将钢件加热至低于 Ac_1 的某一温度(一般为 500~650 ℃),退火过程中一般不发生相变,保温后随炉冷却,这种处理可以消除 50%~80% 的内应力,不引起组织变化。因此,去应力退火广泛用于消除铸件、锻件、焊接件、冲压件以及机加工件中的残余应力,以稳定钢件的尺寸,减少变形,防止开裂。

- 均匀化退火。为减少钢锭、铸件或锻坯的化学成分和组织不均匀性,将其加热到略低于固相线温度,一般为固相线以下 100~200 ℃,保温时间为 10~15 h(否则氧化损失过于严重),并进行缓慢冷却的热处理工艺,称为均匀化退火或扩散退火。其目的是使钢中各元素的原子在奥氏体中进行充分扩散,消除晶内偏析,使成分均匀化。均匀化退火后,钢的晶粒很粗大,应再进行完全退火或正火处理。均匀化退火主要用于高质量要求的优质高合金钢的铸锭和成分偏析严重的合金钢铸件。

② 钢的正火

将钢材或钢件加热到 Ac_3（对于亚共析钢）或 Ac_{cm}（对于过共析钢）以上 30～50 ℃，保温适当时间后，使之完全奥氏体化，然后在自由流动的空气中均匀冷却，以得到珠光体类型组织的热处理工艺称为正火。

正火与完全退火相比（图 2-47），正火的奥氏体化温度略高，冷却速度较快，过冷度较大，得到的组织更细，可以减少亚共析钢中的铁素体含量，使珠光体含量增加，从而提高了钢的强度和硬度。

正火工艺主要应用于以下几个方面：

● 用于改善切削加工性能。对于低碳钢或低碳合金钢，退火后铁素体含量较高而硬度太低，切削加工时容易粘刀，且表面粗糙度很差，切削加工性能不好。通过正火能适当提高材料的硬度，改善切削加工性能。所以，对于低碳钢和低碳合金钢，通常采用正火来代替完全退火，作为预备热处理。而对于中碳钢，既可采用退火，也可采用正火；高碳钢则必须采用完全退火；过共析钢用正火消除网状渗碳体后再进行球化退火处理。

● 消除网状二次渗碳体，为球化退火做准备。对于过共析钢，正火加热到 A_{cm} 以上 30～50 ℃时可使网状碳化物充分溶解到奥氏体中，空冷时则碳化物来不及析出，这样便消除了钢中网状碳化物组织，同时也细化了珠光体组织，以便为球化退火和淬火做准备。

● 消除中碳钢内应力，细化组织。中碳结构钢铸件、锻件、轧件以及焊接件，在热加工后容易出现晶粒粗大等过热缺陷，构件截面较大，在淬火或调质处理以前常进行正火工艺，以细化晶粒，均匀组织，消除内应力。

● 作为最终热处理。对于普通结构钢零件，力学性能要求不高时，可用正火作为最终热处理。例如，铁道车辆的车轴就是采用正火作为最终热处理的。

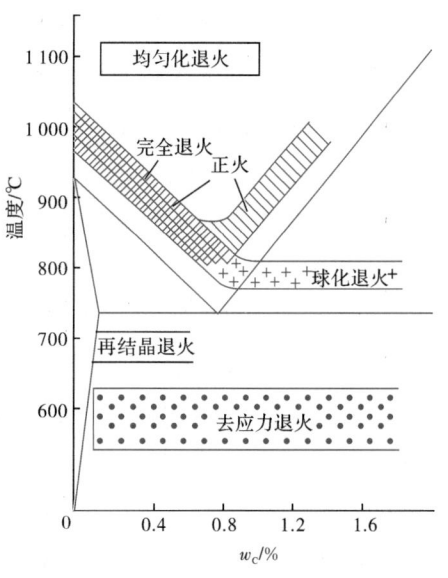

图 2-47 各种退火与正火的加热温度范围

（2）钢的淬火与回火

① 钢的淬火

将亚共析钢加热到 Ac_3 以上，共析钢与过共析钢加热到 Ac_1 以上（低于 Ac_{cm}）的温度，保温一定时间使其奥氏体化，再以大于临界冷却速度的速度快速冷却，从而发生马氏体（或下贝氏体）转变的热处理工艺称为淬火。

淬火钢得到的组织主要是马氏体（或下贝氏体），此外，还有少量的残留奥氏体及未溶的第二相。淬火工艺的实质是奥氏体化后进行马氏体转变（或下贝氏体转变）。马氏体强化是钢的主要强化手段，因此淬火就是为了获得马氏体，提高钢的硬度和耐磨性。

- 淬火加热温度。淬火加热温度主要取决于钢的化学成分。碳素钢的淬火加热温度可由铁碳合金相图确定,如图 2-48 所示。

亚共析钢的淬火加热温度范围为 Ac_3 以上 30~50 ℃,使碳素钢完全奥氏体化,淬火后获得均匀细小的马氏体组织;若加热温度低于 Ac_3,则加热组织不能完全奥氏体化,没有奥氏体化的铁素体淬火时将保留下来,降低钢的硬度;若加热温度过高,则奥氏体晶粒会过分长大,淬火得到粗大的马氏体组织,使脆性增大,且淬火时工件易变形,甚至产生淬火裂纹或开裂,使钢的韧性降低。

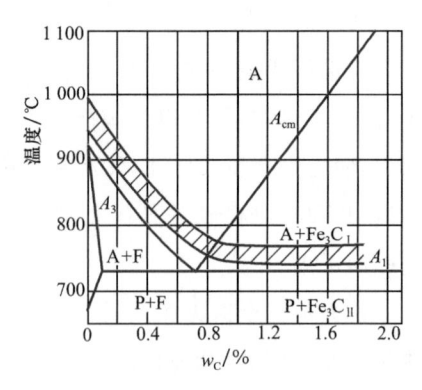

图 2-48 碳素钢的淬火加热温度范围

共析钢和过共析钢适宜的淬火加热温度为 A_{cm} 以上 30~50 ℃。淬火前先进行球化退火,使之得到粒状珠光体组织,淬火加热时组织为细小奥氏体晶粒和未溶的细粒状渗碳体,最后得到隐晶马氏体和均匀分布在马氏体基础上的细小粒状渗碳体组织。这种组织不仅具有高强度、高硬度、高耐磨性,而且具有较好的韧性。如果淬火加热温度超过 A_{cm},碳化物将完全溶入奥氏体中,不仅使奥氏体中碳的质量分数增加,淬火后残留奥氏体量增加,降低钢的硬度和耐磨性,同时,奥氏体晶粒粗化,淬火后易得到含有显微裂纹的粗片状马氏体,使钢的脆性增大。如果淬火加热温度较低,加热组织为碳的质量分数稍低的奥氏体和未溶入奥氏体的少量渗碳体,渗碳体的存在对于提高钢的硬度和耐磨性没有坏处,而且可以阻碍马氏体的长大,细化晶粒,降低脆性并减小淬火产生的组织应力。因此,过共析钢一般采用 A_{cm} 以上 30~50 ℃ 温度加热,进行不完全淬火。

对于含有阻碍奥氏体晶粒长大的强碳化物形成元素(如 Ti、Zr、Nb、W 等)的合金钢,淬火温度允许比碳素钢高,一般为临界温度以上 50~100 ℃,提高淬火温度有利于合金元素在奥氏体中充分溶解和均匀化,以取得较好的淬火效果。对于含有促进奥氏体长大的元素(如 Mn 等)的合金钢,淬火加热温度应偏低些,以免产生过热现象。

- 淬火加热保温时间。为了使工件各部分均完成组织转变,需要将淬火加热温度保温一定的时间,通常将工件升温和保温所需的时间计算在一起,统称为加热时间。影响淬火加热时间的因素有很多,保温时间主要根据加热介质、钢的组织成分、炉温、工件的形状及尺寸、装炉方式及装炉量等来确定。但生产中通常根据经验公式估算或实验确定。

- 淬火冷却介质。冷却是淬火的关键工序,它关系到淬火的质量,既要快速冷却,保证淬火工件获得马氏体组织,又要尽可能地减少变形,防止出现裂纹。淬火工艺中,冷却也是最容易出现问题的一道工序。

理想的淬火冷却速度。淬火是冷却非常快的过程,为了得到马氏体组织,淬火冷却速度必须大于临界冷却速度。但是,在冷却速度快的情况下必然产生很大的淬火内应力,工件往往会引起变形。淬火钢在整个冷却过程中并不需要都进行快速冷却,故而要结合过冷奥氏体的转变规律,确定合理的淬火冷却速度,使工件既能获得马氏体组织,又防止产生变形和开裂。理想的淬火冷却曲线如图2-49所示。根据过冷奥氏体等温转变曲线可知,在C曲线鼻尖附近,是过冷奥氏体最不稳定的区域,即在400~650 ℃的温度范围内要快速冷却,避免发生珠光体或贝氏体转变。而从淬火温度到650 ℃之间以及400 ℃以下,特别是200~300 ℃以下并不希望快冷,因为淬火冷却中工件截面的内外温度差会引起热应力。

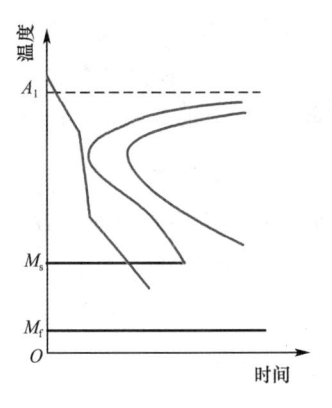

图2-49 理想的淬火冷却曲线

常用淬火冷却介质。工件淬火冷却时,要使其得到合理的淬火冷却速度,必须选择适当的淬火冷却介质。但是到目前为止,还找不到完全理想的淬火冷却介质。常用的淬火冷却介质是水、盐或碱的水溶液和各种矿物油、植物油。

水是既经济又有很强冷却速度的淬火冷却介质。在500~650 ℃范围内,水的冷却能力较大,但不足之处是200~300 ℃时,冷却速度仍较大,对减少变形不利,因此,水的冷却特性并不理想。为了改善水的冷却性能,通常采用的方法是在水中加入少量的盐或碱,制成一定浓度水溶液。例如,制成10%(指质量分数)NaCl水溶液,在500~650 ℃时平均冷却速度可达1 900 ℃/s;在200~300 ℃时平均冷却速度为1 000 ℃/s,其冷却能力远高于水的冷却能力,而且最大冷却速度所在温度恰好在500~650 ℃范围内,可获得高而均匀的硬度,防止软点产生,这是清水淬火无法比拟的。但是在200~300 ℃范围内冷却速度仍然很大,这使工件变形加重,甚至发生开裂。此外,盐水对工件有锈蚀作用,淬火后的工件必须进行清洗。

油是一类冷却能力较弱的冷却介质。在200~300 ℃范围内冷却速度远小于水,对减少工件淬火变形和防止开裂很有利,但在400~650 ℃范围内冷却速度比水小得多,因此,在生产实际中,一般仅适用于过冷奥氏体稳定性好的合金钢或小尺寸的碳素钢工件的淬火。

在实际生产中,应根据钢的化学成分、材质形状,科学合理地选择淬火冷却方法。目前,还很难找到一种完全符合要求的理想淬火冷却介质,但是,在一些热处理工作者的努力下,已寻求到新的淬火冷却介质,例如,过饱和硝盐水溶液、硅酸钠淬火液等。

● 淬火的方法。为保证获得所需淬火组织,又避免变形开裂,必须采用已有的淬火冷却介质并结合各种冷却方法,常用的淬火方法如下:

单液淬火。它是将奥氏体状态的工件放入一种淬火冷却介质中,直至转变结束,冷却到室温的淬火方法(图 2-50 中曲线 1)。例如,碳钢用水冷,合金钢用油淬等都属于单液淬火。这种方法操作简单,容易实现机械化、自动化。但是,对于某些形状复杂、截面变化突然的工件,单液淬火时往往使截面突变处因淬火应力集中而导致开裂,此时可以采用预冷淬火法,即将奥氏体化后的工件自淬火温度取出后先预冷一段时间再淬火,以降低工件进入淬火冷却介质前的温度,减小工件与淬火冷却介质间的温差,从而减少淬火变形和开裂倾向。

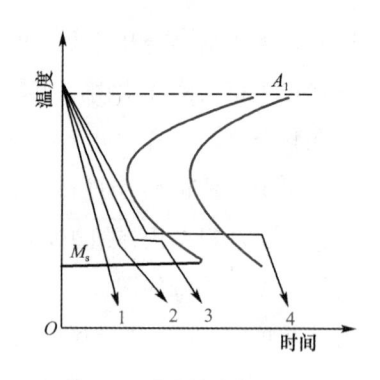

图 2-50 常用淬火方法
1—单液淬火;2—双液淬火
3—分级淬火;4—等温淬火

双液淬火。它是先将奥氏体状态的工件在冷却能力强的淬火冷却介质中冷却至接近 M_s 点温度时,再立即转入冷却能力较弱的淬火冷却介质中冷却,直至完成马氏体转变(图 2-50 中曲线 2)。工业生产中,常以水和油分别作为冷却介质,称为水淬油冷法。其作用是在过冷奥氏体转变曲线的鼻尖处快速冷却,避免过冷奥氏体分解,而在 M_s 点以下缓慢冷却,以减少变形和开裂。这种方法要求操作者具有丰富的经验和熟练的技术,因为这种方法利用两种淬火冷却介质的优点,获取较为理想的冷却条件,并要恰当地控制工件在先冷却介质中的时间,如果时间不当,将会引起奥氏体的分解或马氏体的形成,失去双液淬火的作用。

分级淬火。将奥氏体化的工件首先浸入略高于或稍低于钢的 M_s 点的盐浴或碱浴炉中,当工件内外温度均匀后,取出置于空气中冷却至室温,完成马氏体转变,这种淬火方法称为分级淬火(图 2-50 中曲线 3)。这种方法可保证工件表面和心部马氏体转变同时进行,并在缓慢冷却条件下完成,不仅减小了淬火热应力,而且显著减小了组织应力,因而有效地减少或防止了工件淬火变形和开裂,同时克服了双液淬火时间难以控制的缺点。但由于盐浴或碱浴冷却能力小,对于截面尺寸较大的工件很难达到其临界淬火速度。因此,此方法只适合截面尺寸比较小且变形要求严格的工件,如刀具、量具和要求变形小的精密工件。

等温淬火。等温淬火是将奥氏体化后的工件淬入 M_s 点以上某温度的盐浴或碱浴中冷却并保温足够时间,从而获得下贝氏体组织的淬火方法(图 2-50 中曲线 4)。等温淬火的加热温度通常比普通淬火的高,目的是提高奥氏体的稳定性,防止发生珠光体转变。由于等温温度比分级淬火的高,减小了工件与淬火冷却介质间的温差,从而减小了淬火热应力;又因贝氏体体积比马氏体小,而且工件内外温度一致,故淬火组织应力也较小。因此等温淬火可以有效减少工件变形和开裂的倾向,适合于形状复杂、尺寸精度要求高的工具和重要机器零件,如模具、刀具、齿轮等较小尺寸的工件。

局部淬火。它是向工件喷射急速水流的淬火方法,主要用于对局部有硬化要求的工件。这种淬火方法在工件表面不会形成蒸汽膜,比普通水淬得到更深的淬硬层。在生产工艺中,采用细密水流并使工件上下运动或旋转,保证工件局部冷却淬火的均匀性。

冷处理。钢的马氏体转变终了点(M_f)低于室温,淬火冷却到室温时,淬火组织因马氏体或贝氏体转变不完全而有部分残留奥氏体。为使残留奥氏体继续转变为马氏体,则要求将淬火工件继续深冷到 $-70 \sim -80$ ℃,然后低温回火,消除应力,稳定新生的马氏体组织。冷处理应在淬火后及时进行,否则会降低冷处理的效果。因此,冷处理实际上是淬火过程的继续。冷处理的作用是提高其硬度和耐磨性,或保持其尺寸稳定性,主要应用于一些高碳合金工具钢和经渗碳或氮碳共渗的结构钢零件。

- 钢的淬透性

钢的淬透性是指奥氏体化后的钢在淬火时获得马氏体的能力。其大小通常用规定条件下淬火获得淬透层的深度来表示。同样淬火条件下,淬硬层越深,表明钢的淬透性越好。淬透性是钢本身的固有属性,也是钢热处理工艺的制定与选材的重要依据。

由于淬火冷却速度很快,因此工件表面与心部的冷却速度不同,表层最快,心部最慢[图 2-51(a)]。如果钢的淬火临界冷却速度较小,工件截面上各点的冷却速度都大于淬火临界冷却速度,工件从表层到心部就都能获得马氏体,称之为"淬透";如果钢的淬火临界冷却速度较大,工件表层冷却速度大于淬火临界冷却速度,而从表层下某处开始冷却速度小于淬火临界冷却速度,则表层获得马氏体,心部不能得到全马氏体或根本得不到马氏体,此时工件的硬度便较低,称之为"未淬透"。

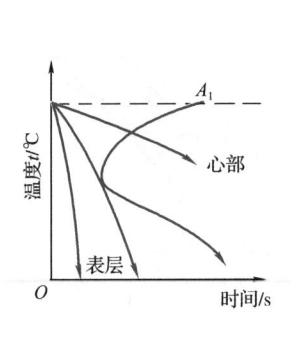

(a)工件截面上不同冷却速度 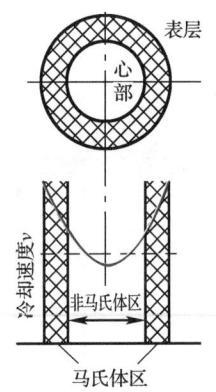　　(b)淬硬区与未淬硬区示意图

图 2-51　零件截面上各处的冷却速度与未淬透区

钢的淬透性主要取决于其临界冷却速度。临界冷却速度越小,奥氏体越稳定,则钢的淬透性越好。因此,影响淬透性的因素与影响奥氏体稳定性的因素有关。随着碳的质量分数的增大,亚共析钢的临界冷却速度降低,淬透性有所提高;但随着碳的质量分数的增大,过共析钢的临界冷却速度反而升高,淬透性降低。除 Co 外,所有合金元素溶于奥氏

体后,都降低了零件冷却速度,提高了淬透性,因而合金钢往往比碳钢淬透性要好。

淬透性的评定。淬透性通常可以用标准试样,在一定的条件下冷却所得淬硬层的深度或能够全部淬透的最大直径来表示。但实际工件淬火后从表层至心部,马氏体是逐渐减少的,从金相组织上看,淬透层与未淬透层并无明显界限,淬火组织中混入少量非马氏体组织,其硬度也无明显变化。因此,金相检验和硬度测定都比较困难。但淬火织中马氏体和非马氏体组织各占一半,即处于所谓半马氏体区时,显微组织差别明显,硬度变化剧烈(图 2-52);同时,该硬度范围又恰好是材料从明显的脆性断裂转化为韧性断裂的分界线,在宏观腐蚀时又是白亮淬硬层与未硬化层的分界处。为评定方便,通常采用从淬火工件表面至半马氏体区(50% M)的距离作为淬硬层的深度。

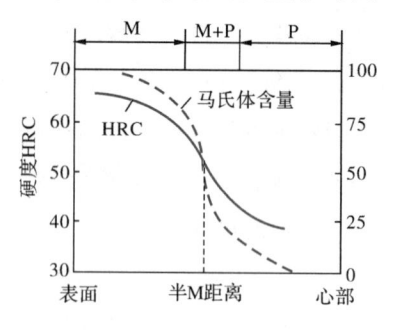

图 2-52 共析钢淬火工件

淬透性的测定方法很多,目前应用得最广泛的是末端淬火法,简称端淬试验。将 $\phi 25$ mm × 100 mm 的标准试样加热至奥氏体化后取出置于实验装置上,对末端喷水冷却,如图 2-53(a)所示。由于试样末端冷却最快,越往上冷却得越慢,因此,沿试样长度方向便能测出各种冷却速度下的不同组织与硬度。若从喷水冷却的末端起,每隔 1.5 mm 测量一次硬度,即可得到试样沿轴向分布的硬度曲线,该曲线称为淬透性曲线。由图 2-53(b)可知,淬透性高的钢,硬度下降趋势较平坦(如 40Cr 钢),而淬透性低的钢,硬度呈急剧下降趋势(如 45 钢)。

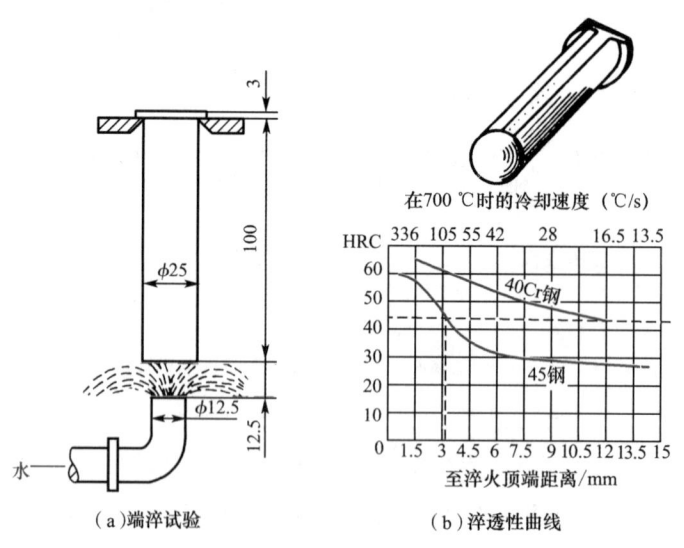

(a)端淬试验　(b)淬透性曲线

图 2-53 端淬试验与淬透性曲线

钢的淬透性通常用 $J\dfrac{HRC}{d}$ 表示。J 表示末端淬透性,d 表示至末端的距离,HRC 为在该处测得的硬度值。例如 $J\frac{35}{10}$ 表示距离末端 10 mm 处的硬度值为 35HRC 的末端淬透性。

钢的淬透性在实际生产中有重要的现实意义。一般截面尺寸较大和形状复杂的重要零件,以及承受轴向拉伸或压缩应力、交变应力、冲击负荷的螺钉、拉杆、锻模等工件,应选用淬透性高的钢,并将整个工件淬透。对承受交变应力、扭转应力、冲击负荷和局部磨损的轴类零件,它们的表层受力很大,心部受力较小,不要求一定淬透,因而可选用低淬透性的钢。但有些工件不能选用淬透性高的钢,如需要焊接的零件,若选用淬透性较高的钢,则易在焊缝热影响区内出现淬火组织,造成焊件的变形和开裂。

②钢的回火

淬火后的钢加热到 Ac_1 线以下某一温度,保温一定时间,然后冷却到室温的热处理工艺,称为回火。回火的目的是稳定组织,消除淬火应力,提高钢的塑性和韧性,获得强度、硬度和塑性、韧性的适当配合,满足各种工件不同的性能要求。

淬火钢回火后的组织和性能取决于回火温度。按回火温度范围的不同,可将钢的回火分为三类:

● 低温回火。回火温度范围为 150~250 ℃,从而得到由细小的 ε-碳化物和较低过饱和度的针片状 α 相组成的回火马氏体组织。低温回火的目的是保持淬火马氏体具有较高的硬度和耐磨性,降低淬火应力和脆性。一般用来处理要求高硬度和高耐磨性的工件,如刀具、量具、滚动轴承和渗碳工件等。

● 中温回火。回火温度范围为 350~500 ℃,获得由大量弥散分布的细粒状渗碳体和针片状铁素体组成的回火托氏体组织。中温回火的目的是获得高的屈强比、弹性极限和韧性。回火托氏体的硬度为 35~45HRC,主要用于 w_c 为 0.6%~0.9% 的碳素弹簧钢和 w_c 为 0.45%~0.75% 的合金弹簧钢。

● 高温回火。回火温度范围为 500~650 ℃,获得由已再结晶的铁素体和均匀分布的细粒状渗碳体组成的回火索氏体。高温回火使工件的强度、塑性、韧性有较好的配合,具有高的综合力学性能,回火索氏体的硬度为 25~35HRC。一般把淬火加高温回火的热处理称为调质处理。它适用于处理中碳钢、结构钢制作的曲轴、连杆、连杆螺钉、机床主轴及齿轮等零件。

回火过程中所发生的各种组织转变其实是扩散型相变。一般组织充分转变所需时间不大于 0.5 h,穿透加热时间为 1~2 h。回火后一般在空气中缓冷,防止重新产生内应力。

4.钢的表面热处理

钢的表面淬火是使零件表面获得高的硬度、耐磨性和疲劳强度,而心部仍保持良好塑性和韧性的一类热处理方法。某些零件在扭转、弯曲等交变载荷下工作,并承受摩擦和冲击,其表面要比心部承受更大的应力,如轴、齿轮、凸轮等零件。它不同于化学热处理,它不改变零件表面的化学成分,而是依靠使零件表层迅速加热到临界点以上,心部仍处于临界点以下,并随之淬冷来达到强化表面的目的。

(1) 表面淬火

钢的表面淬火是将工件表面进行快速加热,使其奥氏体化并快速冷却获得马氏体组织,而心部仍保持原来塑性、韧性较好的退火、正火或调质状态的组织的方法。

按淬火加热方法的不同,钢的表面淬火主要分为感应加热表面淬火、火焰加热表面淬火、电接触加热表面淬火以及激光加热表面淬火、电子束加热表面淬火等。

① 感应加热表面淬火

感应加热表面淬火是利用电磁感应原理,在工件表面产生大感应电流(涡流),使表面迅速加热到奥氏体状态,随后快速冷却获得马氏体的淬火方法。

感应加热表面淬火是将工件放入纯铜管制成的感应线圈内,如图2-54所示,然后向线圈内通入一定频率的交变电流,线圈内、外产生频率相同的交变磁场,同时在工件表面产生频率相同、方向相反的感应电流,此电流在工件表面形成封闭回路,称为"涡流"。交变电流通过金属工件时,电流密度分布是不均匀的,即涡流在工件截面上分布也是不均匀的,表层电流密度大,而越向心部电流密度越小,几乎为零,而这种现象称为电流的趋肤效应。所以,表面淬火时感应加热深度随电流频率增大而减小。

感应加热后,采用水、乳化液或聚乙烯醇水溶液喷射淬火,淬火后进行180~200℃低温回火,以减小淬火应力,并保持高硬度和高耐磨性。感应加热表面

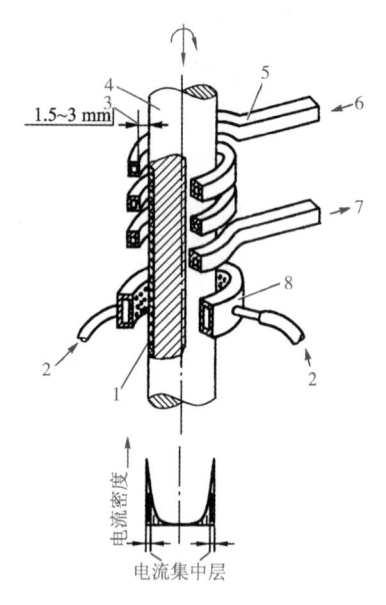

图2-54 感应加热表面淬火
1—加热淬火层;2—水;3—间隙;
4—工件;5—加热感应圈;6—进水;
7—出水;8—淬火喷水套

淬火多应用于中碳钢和中碳低合金钢,如45钢、40Cr钢、40MnB钢等。在某些条件下,感应加热淬火也可用于碳素工具钢和低合金工具钢制造的量具、模具、锉刀等。

在热加工工艺中,感应加热表面淬火是生产中应用最广泛,与普通淬火相比,感应加热表面淬火有以下特点:

● 感应加热升温速度快,保温时间极短。淬火加热温度高,过热度大,奥氏体形核多,又不易长大,淬火后表面得到细小的隐晶马氏体,故感应加热表面淬火工件的表面硬度比一般淬火的高2~3HRC。

● 感应加热表面淬火后,工件表层强度高。由于体积膨胀,在工件表面层造成较大的

- 有利的残余压应力,从而显著提高了工件的疲劳强度,并降低了缺口敏感性。
- 感应加热淬火时,由于加热速度快,无保温时间,工件一般不产生氧化和脱碳。由于趋肤效应,工件内部未被加热,因此,工件淬火变形小。
- 感应加热淬火的生产率高,适用于大批量生产,便于实现机械化和自动化。

②火焰加热表面淬火

火焰加热表面淬火是将氧-乙炔(最高温度为3 200 ℃)或其他可燃气体形成的高温火焰,喷射到工件表面上,使其迅速加热到淬火温度时立即喷水冷却,从而获得表面硬化层的表面淬火方法,如图2-55所示。

淬硬层的深度一般为1～6 mm,具有所需设备简单、成本低等优点,适用于单件或小批量生产的大型零件和需要局部表面淬火的零件。但淬火质量不稳定,零件表面容易产生过热、过烧现象,生产效率低。

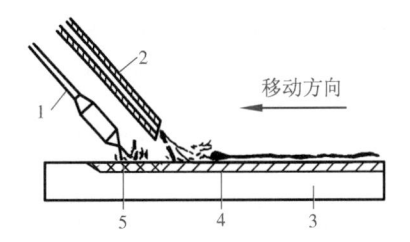

图2-55 火焰加热表面淬火
1—火焰喷嘴;2—喷水管;
3—工件;4—淬硬层;5—加热层

③激光加热表面淬火

激光加热表面淬火是将激光器产生的高功率密度的激光束照射到工件表面上,使工件表面被快速加热到临界温度以上,然后移开激光束,利用工件自身的传导将热量从工件表面传向心部,不需要冷却介质,从而达到自冷淬火。

由于激光光斑或光束摆动的幅度和面积很小,因此只能通过光束在零件表面上逐条扫描来进行加热。为了不致因后一条扫描带边缘的热量把前一条已淬硬的部分回火软化,应设法使光束或摆动面边缘的能量分布尽可能陡峭。这一点可利用光栅来达到。

与感应加热表面淬火相似,一般黑色金属材料激光加热表面淬火后的组织也分为表层完全淬火区(硬化区)、次层不完全淬火区(过渡区)和心部未淬火区,并有如下特征:由于加热速度很快,奥氏体化温度很高,奥氏体晶粒极细,故而马氏体组织极细;由于奥氏体化时间很短,奥氏体成分很不均匀,且往往有未溶碳化物,致使淬火组织中成分不均匀;加热和冷却速度极快,导致工件表层产生较大的残余压应力及高密度的位错等晶体缺陷。这些特征使激光加热表面淬火用于层硬度、耐磨性及抗疲劳性能提高。激光加热表面淬火用于对形状复杂的工件,如工件的拐角、沟槽、盲孔底部或深孔的侧壁进行淬火处理,而这些部位是其他表面淬火方法很难做到的。

(2)化学热处理

化学热处理是将金属或合金置于一定温度的活性介质中保温,使一种或几种元素渗入它的表面,改变其化学成分和组织,改进表面性能,满足技术要求的热处理工艺。其特点是既改变工件表面层的组织,又改变化学成分。它可获得比表面淬火更高的硬度、耐磨性和疲劳强度,并可提高工件表层的耐腐蚀性和高温抗氧化性。钢的化学热处理分为渗碳、渗氮、碳氮共渗、渗硫、渗硼、渗金属(铝、铬等)等,其中最常用的是渗碳、渗氮和碳氮共渗。化学热处理过程包括三个基本过程:渗剂的分解、工件表面对活性原子的吸收、渗入表面的原子向内部扩散。

分解:在一定温度下加热时从零件周围介质中分解出渗入元素的活性原子。

吸收:活性原子由金属表面进入金属晶格的过程。吸收主要有两种方式:一种是活性原子由钢的表面进入铁的晶格形成溶体,另一种是与钢中的某种元素形成化合物。

扩散:已被工件表面吸收的原子,在一定温度下,由表面往里迁移,形成一定厚度的扩散层。

上述三个过程都与温度有关,并且温度越高,过程进行速度越快,扩散层就越厚。但是如果温度过高,则会引起奥氏体晶粒粗化,使钢变脆。因此,化学热处理后,再配合常规热处理,确定加热温度和保温时间等,可使同一工件的表层与心部获得不同的组织和性能。

① 钢的渗碳

渗碳是为了增大钢件表层的碳的质量分数和一定的碳浓度梯度,将钢件在渗碳介质中加热并保温,使碳原子渗入表层的化学热处理工艺。渗碳的目的是提高工件表面的硬度、耐磨性及疲劳强度,并使其心部保持良好的塑性和韧性。

● 渗碳的方法。渗碳所用的介质称为渗碳剂。依所用渗碳剂的不同,钢的渗碳可分为气体渗碳、固体渗碳和液体渗碳。最常用的是气体渗碳和固体渗碳。

气体渗碳是将工件装在密封的渗碳炉中,加热到临界温度以上(900~950 ℃),使钢奥氏体化,向炉内滴入易分解的有机液体(如煤油、苯、甲醇和丙酮等),或者直接通入渗碳气体(如煤气、石油液化气等),并使之发生分解反应,通过下列反应产生活性碳原子,从而提供活性碳原子,吸附在工件表面并向钢的内部扩散而进行渗碳。

$$2CO \rightarrow CO_2 + [C]$$

$$CO + H_2 \rightarrow H_2O + [C]$$

$$C_nH_{2n} \rightarrow nH_2 + n[C]$$

$$C_nH_{2n} + H_2 \rightarrow (n+1)H_2 + n[C]$$

气体渗碳具有生产效率高、劳动条件好、容易控制、渗碳层质量较好等优点,在生产中应用广泛。

固体渗碳是将工件装入渗碳箱中,周围填满固体渗碳剂,加盖用耐火泥封好,送入加热炉内,加热至 900~950 ℃,保温足够长时间,得到一定厚度的渗碳层。固体渗碳剂通常是一定粒度的木炭与 15%~20%(指质量分数)的碳酸盐($BaCO_3$ 或 Na_2CO_3)的混合物。木炭提供渗碳所需要的活性碳原子,碳酸盐起催化作用,在加热保温时渗碳箱内反应如下:

$$C + O_2 \rightarrow CO_2$$

$$BaCO_3 \rightarrow BaO + CO_2$$
$$CO_2 + C \rightarrow 2CO$$

在渗碳温度下CO很不稳定,当与钢件表面接触时进行分解,生成活性碳原子,被钢件表面吸收。固体渗碳法生产效率低、劳动条件差、渗碳层质量不容易控制,因而在生产中较少应用。但由于所用设备简单,在小批量非连续生产中仍有采用。

● 渗碳的工艺与组织。渗碳温度通常为900~950 ℃,温度越高,奥氏体溶碳能力越大,越有利于碳的扩散,有利于得到较厚的渗碳层。但温度不宜过高,过高会使奥氏体晶粒过于粗大,增加变形倾向。渗碳时间取决于渗碳层厚度的要求。在900~950 ℃的温度下,每保温1 h,厚度增加0.2~0.3 mm。

低碳钢渗碳缓冷后的显微组织如图2-56所示,表层为珠光体和二次渗碳体的过共析层和共析层,而心部仍为原来的亚共析组织(珠光体和铁素体),中间为过渡组织。渗碳层厚度是指从表面到过渡层一半的距离。渗碳层太薄,易产生表面疲劳剥落;太厚则使承受冲击载荷的能力降低。

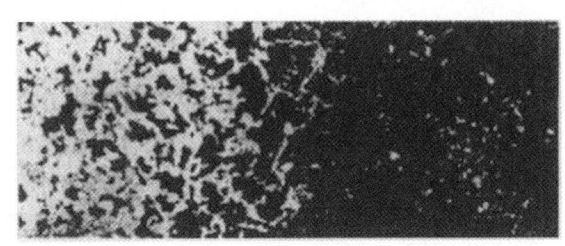

图2-56 低碳钢渗碳缓冷后的显微组织

● 渗碳后的热处理。渗碳后的热处理采用淬火加低温回火的热处理工艺,渗碳件的淬火方法有三种:直接淬火、一次淬火和二次淬火。

直接淬火的工艺简单,具有生产效率高、成本低、节约能源、氧化脱碳等优点,但是因为渗碳温度高,奥氏体晶粒长大,淬火后马氏体较粗,残留奥氏体也较多,所以耐磨性和韧性较差,变形较大。直接淬火只适用于本质细晶粒钢和耐磨性要求不高的或承载能力低的零件。

一次淬火是在渗碳缓慢冷却之后,重新加热到临界温度以上保温后淬火。一次淬火获得的钢组织比直接淬火的更细化。对于心部组织要求高的工件,一次淬火的加热温度略高于Ac_3。对于受载不大但表面有较高耐磨性和较高硬度性能要求的零件,淬火温度应选用Ac_1以上30~50 ℃,细化表层晶粒,而心部组织无大的改善,性能略差一些。

二次淬火主要用于力学性能要求很高或本质粗晶粒钢。第一次淬火加热温度为Ac_3以上30~50 ℃,主要是改善心部组织,消除表面的网状渗碳体。第二次淬火加热温度为Ac_1以上30~50 ℃,主要是细化表层组织,获得细马氏体和均匀分布的粒状二次渗碳体。此方法工艺复杂,生产效率低,成本高,变形较大,一般用于要求表面高耐磨性和心部高韧性的零件。

渗碳淬火以后进行低温(150~200 ℃)回火,以消除淬火应力和提高韧性。经渗碳、淬火和低温回火后,表面为细小的片状马氏体、粒状渗碳体及少量的残留奥氏体,硬度较高,可达58HRC以上,耐磨性较好;而心部韧性较好,硬度较低,为30～45HRC。疲劳强度高,表层体积膨胀大,心部体积膨胀小,结果在表层中造成压应力,使零件的疲劳强度提高。

②钢的渗氮

钢的渗氮是在一定温度下(一般在Ac_1温度以下)使活性氮原子渗入工件表面的化学热处理工艺,也称为钢的氮化。渗氮的目的是提高工件的表面硬度、耐磨性以及疲劳强度和耐腐蚀性。

渗氮处理有气体氮化、离子氮化等工艺方法,目前广泛应用的是气体氮化。气体氮化常用氨气作为氮化介质,氨气在加热时分解出来的活性氮原子深入工件表层,即$2NH_3 \rightarrow 3H_2+2[N]$。活性氮原子被工件表面吸收,溶解于铁素体中,在保温过程中不断向内部扩散,形成渗氮层。但是氮化温度不高,氨分解温度较低,所以需要的时间长,一般20～50 h才能获得0.3～0.5 mm厚的氮化层。

氮化过程和气体渗碳相似。将零件放在带进气口、出气口的密封容器中进行渗氮处理,通入氨气,加热到500～600 ℃,氨分解产生活性氮原子。渗氮温度越高,扩散越快,获得的氮化层越深。渗氮与渗碳相比,渗氮温度较低,氮在铁素体中有一定的溶解能力,590 ℃可溶0.1%(质量分数)的氮,且氮在铁素体中扩散速度很快,所以不需要加热至高温;渗氮时间长,渗氮层较薄且脆,但渗氮层的硬度、耐磨性、疲劳强度、耐腐蚀性及热硬性均高于渗碳层;渗氮后工件不再进行其他热处理,钢件在渗氮前需要进行调质处理,使工件基体获得良好的综合力学性能。因此,可避免已成形工件再进行热处理带来的变形等缺陷。

适用于渗氮处理的钢工件很多,应根据不同的使用目的进行选择。钢的渗氮主要用于要求处理精度高、冲击载荷小、抗磨损能力强的零件,如精密齿轮、磨床主轴、精密机床丝杠等。渗氮处理虽然具有一系列优异的性能,但其工艺复杂、生产率低、成本高。

目前又出现了一种新的渗氮工艺——离子氮化,是将工件放入真空容器中,往真空容器中通入氨气,加高压电场使含氮的稀薄气体产生辉光放电,电离后的氮离子以极高的速度轰击工件表面,使工件表面温度升高,并使氮离子获取电子成为氮原子,渗入工件表层,故而又称为辉光离子氮化。离子氮化比气体氮化所需时间短,氮化质量好,氮化层的脆性小,韧性和疲劳强度大,从而提高了生产效率和零件的使用寿命,不足之处是生产成本高。

③钢的碳氮共渗

碳氮共渗是指同时向零件表面渗入碳和氮的化学热处理工艺。主要有液体碳氮共渗和气体碳氮共渗两种。液体碳氮共渗有毒,污染环境严重,已经很少应用。气体碳氮共渗又分为高温(880～950 ℃)、中温(700～870 ℃)、低温(500～550 ℃)三种。高温碳氮共渗因渗层中氮量低,与渗碳差别不大,因此,高温碳氮共渗主要是渗碳,但氮的渗入使碳浓度很快提高,从而使共渗温度降低和时间缩短,且奥氏体晶粒粗大,变形倾向增大,所以很少使用。目前,中温碳氮共渗和低温碳氮共渗的应用较为广泛。

中温气体碳氮共渗是将工件放入密封炉内,加热到共渗温度 830～850 ℃,向炉内滴入煤油,同时通以氨气,经保温 1～4 h 后,共渗层可达 0.2～0.5 mm。碳氮共渗后还需要淬火和低温回火。由于共渗温度比渗碳温度低,不发生晶粒长大,可以直接淬火,生产效率高。

低温碳氮共渗主要是氮化,渗剂通常采用尿素、甲酰胺、三乙醇胺等,受热分解后产生活性碳、氮原子深入工件表面,保温时间一般为 1～3 h,出炉空冷,渗层厚度为 0.01～0.02 mm,渗层表面由碳氮化合物层和含氮扩散层组成,具有高硬度、高耐磨性、高疲劳强度的优点,并且脆性小。

第三节 特种机器人机身材料

一、阻燃橡胶

阻燃橡胶是指具有难燃性及阻燃性的橡胶。橡胶是有机易燃材料,危害安全,故如矿井用橡胶输送带及车船用各种橡胶制品,均要求具有难燃性及阻燃性。阻燃橡胶有氯丁橡胶、氯磺化聚乙烯和硅橡胶等。将难燃聚合物与易燃橡胶并用可提高阻燃性,如将聚氯乙烯与丁腈橡胶并用;提高硫化胶的交联密度也可以提高耐燃性;添加阻燃剂也是提高橡胶难燃性的方法。常用的阻燃剂有氯化石蜡与三氧化二锑相组合、氢氧化铝、硼酸钠、氧化钼和磷酸三甲苯酯等。填料中宜用陶土或白炭黑。

1. 橡胶阻燃等级

通常,人们对阻燃橡胶的认识是在一般燃烧条件下,橡胶不燃烧而已。其实这是一种误解,因为不存在所谓一般的燃烧条件;聚合物产品不可能以某种形式阻止燃烧,所能做到的仅是改变其燃烧方式。

如果将聚合物置于足够长的时间、足够高的温度和足够多的氧气条件下燃烧,则任何防火措施都将是无效的。因此,当火燃烧起来时,橡胶不可避免地也要燃烧。所谓阻燃,是指橡胶延缓着火的时间,减小火焰的蔓延速度和离开火源后能迅速自行熄灭的能力。阻燃性能一般用氧指数来衡量,氧指数越大,阻燃性能越好。

阻燃等级由 HB、V-2、V-1 向 V-0 逐级递增。

HB:UL94 标准中最低的阻燃等级。要求:厚度为 3～13 mm 的样品,燃烧速度

≤40 mm/min;厚度小于 3 mm 的样品,燃烧速度≤70 mm/min;或者在 100 mm 的标志前熄灭。

V-2:对样品进行两次 10 s 的燃烧测试后,火焰在 60 s 内熄灭。可以有燃烧物掉下。

V-1:对样品进行两次 10 s 的燃烧测试后,火焰在 60 s 内熄灭。不能有燃烧物掉下。

V-0:对样品进行两次 10 s 的燃烧测试后,火焰在 30 s 内熄灭。不能有燃烧物掉下。

通常认为,氧指数在 27% 以上的为自熄性材料;氧指数小于 27% 的为易燃材料;氧指数更大者为难燃材料。如聚丙烯的氧指数为 17%,在空气中即可燃烧;四氟乙烯的氧指数为 95%,在空气中不能燃烧。

橡胶配方工作者的任务局限于改变着火条件、减小火焰蔓延的速度和抑制火势增长的势头。因此,企图用一个配方、一种橡胶去满足所有耐火的要求是不科学、不切实际的。有效的防火方法是断绝燃烧所需的氧气供给或隔离热源。橡胶在高温下发生分解,生成可燃性气体。如果有一种物质能使可燃性气体变成不燃性气体,以隔离热源,就可以达到阻燃的目的。或者有一种物质受热时能释放出结晶水、吸收热量或提高热传导性,也可起阻燃作用。

2. 橡胶阻燃剂

对于高聚物(塑料、纤维、橡胶)的阻燃,20 世纪 70 年代要求阻燃(防火),20 世纪 80 年代同时要求阻燃和抑烟,20 世纪 90 年代还要求阻燃系统无毒。进入 21 世纪后,在选择弹性材料的阻燃技术和阻燃系统时,环境效应是需要考虑的重点。因此现在采用的阻燃橡胶要尽可能高效(防火)、低烟、低毒,并对环境无污染。

(1)膨胀型阻燃剂

在可用于橡胶的无卤阻燃系统中,膨胀型阻燃剂(IFR)是研究得较多,并被认为是有工业应用前景的阻燃剂之一。含 IFR 的橡胶受高热或燃烧时,可在其表面形成膨胀炭层,因而具有优异的阻燃性能,且成炭率与阻燃性呈线性关系。而且,含 IFR 的橡胶在燃烧时,不易产生熔滴,烟量和有毒气体生成量也大幅度减少,有时甚至可低于未阻燃的基材。

IFR 通常以磷、氮为活性组分,不含卤素,也不需要与锑化合并用。IFR 含有酸源、炭源和气源三个组分,各组分单独用于橡胶时,阻燃效能不佳,但三个组分共同使用时,可显著提高橡胶的氧指数及阻燃等级。另外,以 IFR 阻燃橡胶时,用量比较大,否则不能形成表面全部被覆盖的炭层。所以,对很薄的橡胶制品,IFR 的使用受到局限。

(2)FR 系列阻燃剂

FR 系列阻燃剂在受热时,表面会分解产生一层黏稠的结壳隔离物,隔离燃烧过程中氧、热及小分子的扩散。此外,分解自由基与促进燃烧的氢自由基和羟基自由基反应,终止燃烧链反应,同时会释放出水和二氧化碳,并高效吸收产生的大量热量,起到抑制火焰的作用,从而达到高效阻燃的目的。

FR系列阻燃剂不含多溴联苯、多溴二苯醚、氯、氟、三氧化二锑等卤素阻燃剂,具有阻燃效率高、消烟、无毒和无卤等特点,与目前市场同等产品相比,其物理性能优异、密度相对低,成型加工方便。广泛应用于轨道交通、电子电气、汽车、石油、煤矿等行业阻燃橡胶与塑料、电缆等阻燃制品中。

3.橡胶履带

橡胶履带(图2-57)是一种在橡胶带中嵌入一定数量的金属及钢丝帘线履带式行走部件。

图 2-57 橡胶履带

(1)橡胶履带的特点

①速度快。

②噪声小。

③振动小。

④牵引力大。

⑤对路面破坏小。

⑥接地压小。

⑦动力可以按比例分配到两侧橡胶履带上,转向时两侧橡胶履带始终传动,可以实现动力转向,橡胶履带基本上没有打滑现象,这减轻了橡胶履带的磨损,提高了使用寿命。这一点对橡胶履带车辆尤为重要。

⑧转向时平均车速不减小。

⑨转向时动力不中断。

⑩左、右两侧橡胶履带的速差可以无级控制,实现平稳的方向控制。

⑪可以实现原地转向,提高橡胶履带车辆的机动性。

⑫在坡地上工作转向不会出现"逆转向"现象。

(2)橡胶履带的保护

驾驶方法不当是橡胶履带损伤的主要因素,因此为保护橡胶履带,延长使用寿命,在使用过程中应注意以下事项：

①禁止负荷行走。负荷行走会使橡胶履带张紧力加大，加速芯铁的磨耗，严重时会产生芯铁折断和钢丝帘线断裂。

②行驶过程中不要急转弯。急转弯容易造成脱轮，损伤履带，还会使导向轮脱导轨撞击芯铁，造成芯铁脱落。

③禁止强行爬楼梯。强行爬楼梯会使花纹根部产生裂口，严重时使钢丝帘线断裂。

④禁止在台阶边缘摩擦行走，否则会使橡胶履带边缘卷起后与机体产生干涉，造成履带边缘的刮伤和割伤。

⑤禁止过桥式行走。过桥式行走是花纹损伤和芯铁折断的主要原因之一。

⑥禁止在坡路上倾斜行走。在坡路上倾斜行走会导致橡胶履带脱轮，造成损伤。

⑦经常检查驱动轮、导向轮及支重轮的磨损状态。磨损严重的驱动轮会将芯铁勾出，或造成芯铁异常磨损，应立即更换。

⑧橡胶履带要经常保养。在泥沙过多、化学品飞扬的环境使用后，或使用完 8 h 后，要立即清洗。否则会加速橡胶履带的磨损与腐蚀。

三 隔热层用天然纤维织物与镀铝薄膜的复合材料

消防机器人作为特种机器人的一种，在灭火和抢险救援中发挥着举足轻重的作用，各种大型石油化工企业、隧道、地铁等不断增多，油品燃气、毒气泄漏爆炸、隧道、地铁坍塌等灾害隐患不断增加，消防机器人能代替消防救援人员进入易燃易爆、有毒、缺氧、浓烟等危险灾害事故现场进行数据采集和处理；消防机器人隔热层采用天然纤维织物与镀铝薄膜的复合材料，如图 2-58 所示，薄膜层置于中心纤维层的表面，并通过连接部与中心纤维层连接，中心纤维层内部嵌设惰性气体球，薄膜层包括铝膜和塑料薄膜。复合材料的具体实施方式如下：

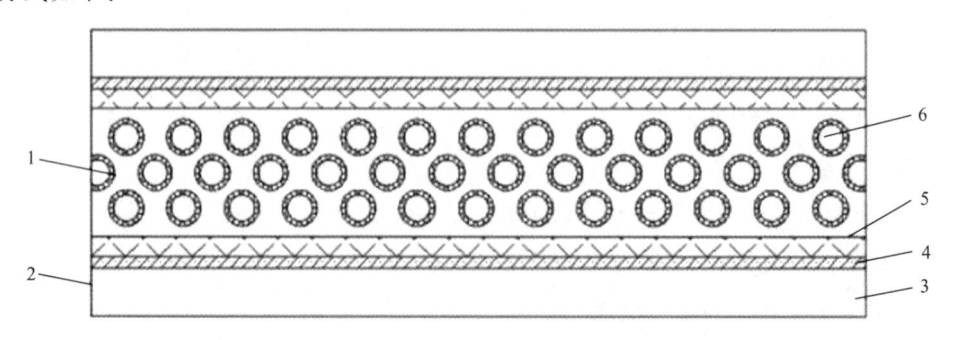

图 2-58 隔热层用天然纤维织物与镀铝薄膜的复合材料结构

1—中心纤维层；2—薄膜层；3—铝膜；4—塑料薄膜；5—连接部；6—惰性气体球

实施方式 1：薄膜层是在真空环境下，用电阻、高频或电子束加热使铝丝熔融气化，在塑料薄膜表面附着形成一层铝膜。通过这样的方式使该复合材料的表面为铝膜，具备极强的耐高温性能，同时具备较强的耐折性能和韧性。

实施方式 2：惰性气体球采用玻璃纤维制成，其内部的惰性气体为氮气，惰性气体球采用两瓣式结构，惰性气体球两瓣之间通过粘胶黏合。在中心纤维层内嵌设惰性气体球，极大地减小了该材料的质量，使其质地更轻，且由于惰性气体球内部充的是惰性气体，在其受到撞击裂开时会产生一定的阻燃效果，防止内部元件被烧毁。

实施方式 3：中心纤维层采用石棉、玻璃纤维以及粘胶混合压制而成。

实施方式 4：连接部采用由石棉、玻璃纤维以及粘胶混合经过拔丝工艺制备而成的丝线，缝制中心纤维层和薄膜层，使得丝线材质与中心纤维层材质相同，保证其连接效果，防止出现中心纤维层和薄膜层受热分离的现象。

实施方式 5：粘胶采用 SL3318 耐高温环氧胶，它具备良好的耐高温性能，在使用时不易出现脱胶的现象。

三 防爆灯

1. 防爆灯的分类

防爆灯（图 2-59）一般按光源、防爆结构型式和使用方式进行分类。

图 2-59　防爆灯

（1）按光源分类

防爆灯有防爆白炽灯、防爆高压汞灯、防爆低压荧光灯和混合光源灯等。

（2）按防爆结构型式分类

① 隔爆型 d

将设备可能点燃爆炸性气体混合物的部件全部封闭在一个外壳内，其外壳能够承受通过外壳任何接合面或结构间隙进入外壳内部的爆炸性混合物在内部爆炸而不损坏，并能保证内部的火焰气体通过间隙传播时降低能量，不足以引爆外壳。

②增安型 e

在正常运行条件下不会产生电弧、火花的电气设备,采取附加措施以提高其安全性,防止其内部和外部部件出现危险温度、电弧和火花的可能性的防爆型式。在结构上进一步采取保护措施,以提高设备的可靠性和安全性。

③正压型 p

通过保持设备外壳内部保护气体的压力高于周围防爆性环境压力到安全的电气设备在系统内部保护静态正压或保持持续的空气或惰性气体流动,以限制可燃性混合物进入外壳内部。带走设备内部非正压状态时进入外壳内的可燃性气体,防止在外壳内形成可燃性混合物。

④本质安全型 i

设备内部的所有电路都在标准规定条件下(包括正常工作和规定的故障条件下),产生的火花或热效应均不能点燃规定的防爆性气体环境的本质安全电路。

⑤浇封型 m

将可能产生引燃爆炸性混合物爆炸的火花、电弧或危险温度部分的电气部件,浇封在浇封剂(复合物)中,使其不能点燃周围爆炸性混合物。采用浇封措施,可防止电气元件短路、固化电气绝缘,避免电路上的火花、电弧和危险温度等引燃的产生,防止爆炸性混合物的侵入,控制正常和故障状况下的表面温度。

⑥液浸型 o

将电气设备或电气设备的部件浸在油内(保护液),使之不能点燃油面以上或外壳外面的防爆性气体环境。

⑦充砂型 q

在外壳内充填砂粒或其他规定特性的粉末材料,使之在规定的使用条件下,壳内产生的电弧或高温均不能点燃周围爆炸性气体环境的防爆型式。

⑧气密型 h

该类防爆设备型式采用气密外壳。即环境中的爆炸性气体混合物不能进入设备外壳内部。气密外壳采用溶化、挤压或胶粘的方法进行密封,这种外壳多半是不可拆卸的,以保证永久密封性。

(3)按使用方式分类

防爆灯有固定式、移动式和便携式。

(4)按外壳的防护等级分类

为了防护尘埃、固体异物和水进入灯腔内,触及或积集在带电部件上发生跳火、短路或破坏电气绝缘等危险,采用多种外壳防护方式起到保护电气绝缘的作用。在符号"IP"后加两个数字来表征其外壳防护等级。第一个数字表示对人、固体异物或尘埃的防护能力,分为0~6级,防爆灯具是一种密封灯具,其防尘能力至少为4级;第二个数字表示对水的防护能力,分为0~8级。

(5)按灯具设计的支撑面材料分类

室内防爆灯可能安装在属于普通可燃材料表面,如木质的墙和天花板,防爆灯具安装表面的温度不允许超过安全数值。根据防爆灯是否可直接安装在普通可燃材料表面,可将防爆灯分为两类;一类为仅适于安装在非可燃表面的灯具;另一类为适于直接安装在普通可燃材料表面的灯具,有标记符号。

2.防爆灯原理

根据欧洲标准 EN 13463-1:2009《潜在性爆炸环境的非电气设备 第1部分:基本方法与要求》中的防爆概念和防火类型,隔爆型是采取措施允许内部爆炸并阻止火焰传爆的一种防爆型式,是最常用的一种防爆类型。这种防爆类型的灯具外壳一般是用金属材料制造的,其散热性好、外壳强度高、耐用性好,深受用户欢迎,并且许多增安型防爆灯部件(如灯座、联锁开关等)也采用隔爆型结构。具有隔爆外壳的电气设备称为隔爆型电气设备。如果爆炸性气体混合物进入隔爆外壳并被点燃,隔爆外壳能承受内部爆炸性气体混合物的爆炸压力,并阻止内部的爆炸向外壳周围爆炸性混合物传播。这是一种间隙防爆原理,即利用金属间隙阻止爆炸火焰的传播,冷却爆炸产物,达到熄灭火焰和降温、抑制爆炸的扩展的效果。

3.防爆灯设计

在进行防爆灯的结构设计时,制造者往往将重点放在隔爆型外壳的外形和强度设计上,而忽略了与外壳构成整体的紧固件、引入装置、透明件、悬挂装置、标志等其他器件的设计。

(1)外壳紧固件设计

用螺钉紧固的隔爆外壳有两种型式:平面和止口。对于平面结构,螺钉不仅起紧固作用,还要保证平面间隙。对于止口结构,当隔爆面只需要考虑圆筒部分时,螺钉只起紧固作用;当隔爆面需要考虑圆筒和平面时,螺钉不仅起紧固作用,还起保证平面部分间隙作用。当在外壳上直接攻螺纹时需注意:紧固件螺孔尽量不要穿过隔爆外壳,穿过隔爆外壳时螺孔底部应留有 3 mm 以上的余量;在使用铝合金等轻合金材料做隔爆外壳时,由于铝合金强度较低,在经常打开(如更换光源)的隔爆外壳上使用螺钉紧固时,不应在铝合金外壳上直接攻螺纹,应通过预埋防松的内外螺纹钢套来增大螺孔强度,并防止因螺纹烂牙而失效;对于不需要用户更换光源或维修时打开,且出厂时已经安装好的螺钉,可以在外壳上直接攻紧固螺孔,但不能使用细牙螺纹,应尽量使用粗牙螺纹,且有足够的啮合扣数来满足紧固要求。

总之,在设计外壳紧固件时,应首先分清其在隔爆外壳中的作用,然后确定螺钉的最大轴向载荷,选用合适的螺钉。

(2)引入装置设计

电缆和导线的引入可以按下面两种方式进行连接:

①间接引入:用接线盒或插接装置连接的方式。

②直接引入:将电缆和导线直接接入主外壳的连接方式。

需要注意的是,密封圈老化或压不紧时会直接燃烧或传爆。因此,在正常工作时产生危险火花、电弧、危险温度且外壳容积大于 2 000 cm³ 或ⅡC级的防爆灯,不适合采用弹性密封圈压紧式直接引入方式。《爆炸性环境 第15部分:电气装置的设计、选型和安装》(GB/T 3836.15—2017)规定,通过引入装置引入到灯具的电缆,从安装到使用的整个过程中,如果有可能受到拉力,引入装置的压紧螺母上或靠近引入装置的灯具内部应增加电缆防拔脱压板,阻止力传递到接线端子上和防止电缆可能产生的移动,防止电气连接的接触不良或失效。在设计灯具时可能需要提供一个以上引入装置,方便满足用户不同的安装要求。出厂时,应将全部的引入装置都安装好封堵件,封堵件的结构必须适合防爆型式,或仅安装一个引入装置,将其余(引入装置拆除后的)孔用适合防爆型式的闷头代替。这样,不会因忘记封堵多余的引入装置而造成隔爆外壳的失效。

(3)透明件安装

防爆灯离不开透明件,而透明件又是外壳部件中强度最低的部件,因此透明件安装是否可靠会直接影响防爆灯的安全性能。三种常用的透明件的安装方式如下:

(1)直接密封在外壳内,与外壳形成一个整体。这种方法简单、实用,使用广泛。密封材料应选用耐温、耐油的橡胶件,或使用环氧树脂等胶粘剂将透明件密封在外壳内并压紧。

(2)用或不用衬垫,直接将透明件紧固在外壳内。不用衬垫时透明件接合面的平整度要求很高,一般适合小型平板玻璃且要将玻璃接合部位磨平,避免玻璃因受力不均而碎裂。

(3)密封或胶粘在一个框架上,框架紧固在外壳内。这种结构在灯具中使用很少,在一些需要经常更换透明件的大型设备上,将透明件和框架作为一个整体部件更换。

透明件与框架的密封可以直接密封在外壳内，与外壳形成一个整体。密封材料应选用耐温、耐油的橡胶件，或使用环氧树脂等胶粘剂将透明件密封在外壳内并将其压紧。在结构上，应尽量使透明件受到的力（内部爆炸产生的）直接传递到金属外壳上，通过透明件的压板或螺钉再传递到金属外壳上是不合适的，同时，透明件安装后不能受到应力，这样才能保证透明件与外壳接合可靠。

4．日常维护

在日常维护中应注意以下几点：

（1）防爆灯灯罩打开前应能自动切断电源。但因设置联锁装置较复杂，不易实现，故大多数灯具只在外壳明显处设"严禁带电打开"等字样的警告牌。又因断电后灯泡表面温度高，若立刻打开灯罩，仍有点燃爆炸性气体混合物的危险（主要指隔爆结构），故白炽灯、高压汞灯、高压钠灯这些灯泡表面温度高、又能快速打开盖的灯具需要注意这一点。目前使用较多的CeY-1型防爆荧光灯就具有开盖断电的联锁机构，为检修工作提供了方便和安全保障。因为防爆荧光灯为冷光源灯具，不存在表面温度高的情况，断电后可立即开盖。

（2）在更换灯泡（管）时，防爆灯的隔爆接合面应妥善保护，不得损伤。

（3）经清洗后的隔爆面应涂磷化膏或204-1置换型防锈油，严禁涂刷其他油漆。

（4）隔爆面上不得有锈蚀层，如有较轻微锈蚀，经清洗后应无麻面现象。

（5）用于防尘、防水的密封圈要保证完好，这对增安型灯具而言是十分重要的。如果密封圈损坏严重，则要用相同规格、相同材质的密封圈予以更换，必要时更换整个灯具。

（6）检修时要注意灯罩是否完好，如有破裂，则要马上更换。

5．定期维护和维修

（1）维护、维修人员需经岗位培训，了解灯具的使用性能，明确使用要求，具备专业知识，熟悉灯具的结构。

（2）定期清除防爆灯外壳上的积尘和污垢，提高灯具的光效和散热性能。具体清洁方式可根据灯具外壳的防护能力，采用喷水或用湿布揩拭。喷水清洗时，应切断电源，严禁用干布擦拭灯具塑料外壳（透明件），防止产生静电。

（3）检查灯具塑料外壳（透明件）有无严重变色，如变色严重，则说明塑料已经老化。检查透明件有无受过异物冲击的痕迹，保护网有无松动、脱焊、腐蚀等。如有，应停止使用，及时维修或更换。

（4）若光源损坏，应及时关灯并更换，以免由于光源不能启动而使镇流器等电气元件长期处于异常状态。

(5)潮湿环境中使用的灯具的灯腔内如有积水应及时清除,并更换密封部件,确保外壳的防护性能。

(6)打开灯罩时,应按警告牌要求,切断电源后开盖。

(7)开盖后应顺便检查隔爆接合面是否完好,橡胶密封件是否变硬或变黏,导线绝缘层是否发绿或碳化,绝缘件和电气元件是否变形或有焦痕。如有,应及时更换。

(8)更换后的光源、部件和电气元件的型号、规格、尺寸、性能应和更换前的光源、部件和电气元件的一致。

(9)关盖前应用湿布(不能特别湿)轻揩灯具回光和透明件,以提高灯具光效。在隔爆接合面上涂上一层薄薄的204-1置换型防锈油,关盖时应注意密封圈是否在原来的位置上起到密封作用。

(10)灯具密封的部分不应经常打开和拆卸。

6. 注意事项

便携式灯具分为由馈电网供电和自带电源两种。由馈电网供电的灯具,从防爆接线箱(盒)或防爆插销至灯具之间应使用橡套电缆,其接地或接零线芯应在同一护套内;电缆应采用主线芯最小允许截面积为25 mm² 的YC、YCW重型橡套电缆。需要注意的是,携带式灯具的电缆不允许有中间接头。

(1)隔爆型电气设备:具有能承受内部爆炸性气体混合物的爆炸压力,并能阻止内部的爆炸向外壳周围爆炸性混合物传播的电气设备,其标志为"d"。

(2)增安型电气设备:在正常运行条件下不会产生电弧、火花或可能点燃爆炸性混合物的高温,结构上采取措施提高安全裕度,以避免在正常和认可的过载条件下出现电弧、火花或高温的电气设备,其标志为"e"。

(3)电气设备引燃可燃性气体混合物有两方面原因:一个是电气设备产生的火花、电弧;另一个是电气设备表面(与可燃性气体混合物相接触的表面)发热。设备在正常运行时能产生电弧、火花的部件应放在隔爆外壳内,或采取浇封型、充砂型、正压型等其他防爆型式便可达到防爆的目的。而增安型电气设备是在正常运行时不会产生电弧、火花和危险高温的设备,如果在其结构上再采取一些保护措施,尽力使设备在正常运行或认可的过载条件下不发生电弧、火花和过热现象,就可进一步提高设备的安全性和可靠性。这种设备在正常运行时就没有引燃源,可用于爆炸危险环境。

7. 说明事项

防爆灯是一类有防爆性能的照明灯具,带有标志Ex。国家对防爆灯的密封性能、在结构上进一步采取保护措施等具有一定的要求。而非防爆灯没有上述要求。

(1)防爆灯的防爆类别、级别与温度组别见国家标准规定。

(2)防爆灯按防触电保护型式可分为Ⅰ、Ⅱ、Ⅲ、0类。防触电保护是为防止防爆灯外壳易触及零件带电,使人体触电或不同电位的导体触及产生电火花而引燃爆炸性混合物。

Ⅰ类:在基本绝缘的基础上,将易触及的正常工作时不带电的可导电部件连接到固定线路中的保护接地导体上。

Ⅱ类:用双重绝缘或加强绝缘作为安全保护措施,无接地保护。

Ⅲ类:使用有效值不大于 50 V 的安全电压。

0 类:只依靠基本绝缘作为安全保护措施。

四、防爆仓

1.概述

防爆型防护等级为 IP65,适用于易燃、易爆的场合(煤矿、化工、石油、电力等行业),安全系数高,操作功能强,性能稳定。防爆型产品有 dⅠ 和 dⅡBT4 两种,dⅠ 适用于煤矿非采掘工作面;dⅡBT4 适用于工厂,环境为ⅡA、ⅡB 级 T1~T4 组的爆炸性气体混合物。本产品的性能符合《普通型阀门电动装置技术条件》(GB/T 24923—2010)的规定,防爆型的性能符合《爆炸性环境 第 15 部分:电气装置的设计、选型和安装》(GB/T 3836.15—2017)和《隔爆型阀门电动装置技术条件》(GB/T 24922—2010)的规定,并经国家防爆电气产品测试中心检定,取得了防爆合格证和矿用证。整体型电装是在普通型电装基础上派生而成的,增加了一些电气和电子元件,如图 2-60 所示。

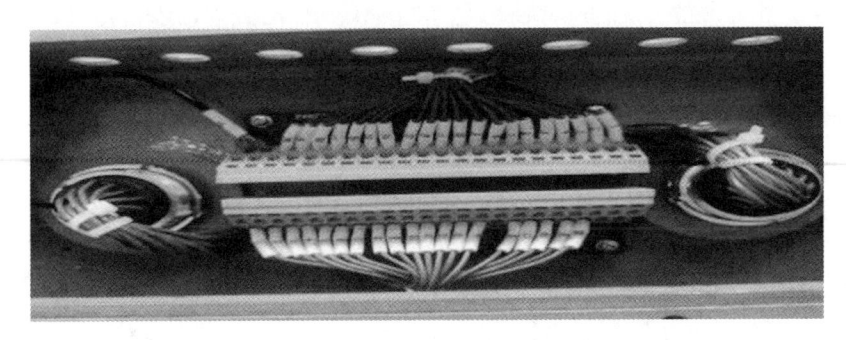

图 2-60 整体型电装

2.适用范围

(1)1 区、2 区危险气体场所。

(2)ⅡA、ⅡB、ⅡC 类 T1~T6 组爆炸性气体或蒸气环境。

(3)户内、户外(IP54,IP65*)。

(4)可燃性粉尘环境20区、21区、22区。

(5)温度组别为T1～T6的环境。

(6)石油石化、化工、酿酒、医药、油漆、纺织、印染、军工设施等爆炸性危险环境。

3.技术特点

防爆仓(图2-61)的外壳采用钢板焊接或铸铝合金(图2-62)或304不锈钢压铸成型，表面高压静电喷塑，产品整体一般采用隔爆型外壳和增安型外壳组合成的复合型结构。隔爆型外壳内装元件可为防爆电池、防爆信号灯、防爆转换开关及防爆仪表等防爆元件和风扇、电动机、温控器及其他各种功能模块。采用钢管或电缆、防爆软管等布线方式均可。

图2-61 防爆仓   图2-62 防爆仓材质

五　防爆电池

蓄电池充电时间或工作时间过长，会产生大量气泡，同时电解液温度升高，使水大量蒸发，这就是蓄电池充电时的副反应。蓄电池充电到末期，两极转化为有效物质后，如果继续充电，则会产生大量的氢气和氧气。氢气与氧气以2∶1的体积析出。按氢气、氧气的电化当量计算，每过充电1 A·h，将产生0.418 1 L氢气和0.209 07 L氧气。当这种混合气体浓度在空气中达到4%，又来不及逸出时，如果排气孔堵塞或气体太多，遇到明火将会发生爆炸，轻则损坏蓄电池，重则伤人、损物。现有的电池大多只有一个单向的通气孔，当电池内压力快速增大或通气孔堵塞时，气体无法排出电池外，容易发生爆炸。因此，要对现有的电池进行改进，使其在保留单向阀的同时增加一个空气探测器和一个放气阀，当空气探测器探测到空气中氧气和氢气的浓度增大时，打开放气阀辅助放气。

防爆电池(图2-63)的外部设有外壳，外壳的外层设有防爆层，外壳的内层设有阻燃层，防爆电池的侧壁和底部与外壳相接处的部位设有减振弹簧，外壳的上部设有空气探测器，外壳的外部设有单向通气阀和放气阀。

图 2-63　防爆电池

思 考 题

1. 高分子材料应用到机器人技术中还有哪些路要走？
2. 金属材料的强化与处理，依据什么原理？
3. 查阅相关资料，简述仿生材料在机器人领域的应用。

习 题

1. 双液淬火是先将_____淬火冷却介质中冷却至接近 M_s 点温度时，再立即转入冷却能力较弱的淬火冷却介质中冷却，直至完成_____。

2. 一般截面尺寸较大和形状复杂的重要零件，以及承受轴向拉伸或压缩应力、交变应力、冲击负荷的_____、_____、_____等工件，应选用淬透性高的钢，并将整个工件淬透。

3. 进入 21 世纪后，在选择弹性材料的阻燃技术和阻燃系统时，_____是需要考虑的重点。因此现在采用的阻燃橡胶要尽可能_____，并对环境_____。

4. 金属材料的_____是零件的设计和选材的主要依据。外加_____不同（如拉伸、压缩、扭转、冲击、循环载荷等),对金属材料的力学性能要求也不同。

5.布氏硬度试验的优点是其硬度代表性好,由于通常采用的是 $\phi 10$ mm 的球压头和 1 000 kg 试验力。( )

6.计算当 $F_e=500$ N,$A_0=1\ 000$ mm² 时的弹性极限。

7.已知 $F_b=1\ 000$ N,$A_0=800$ mm²,计算抗拉强度 R_m。

模块三 智慧控制系统

学习目标

知识目标： 掌握特种机器人的智慧控制系统的硬件组成、控制原理和通信技术。

能力目标： 能应用机器人的控制系统原理实现自我操作的人机交互。

素质目标： 培养细心做事的职业精神，增强学习能力、应变能力和责任感。

第一节 智慧逻辑系统

在机器人智慧逻辑系统中，其主要的理论部分与计算机控制系统具有高度的相关性。计算机控制系统是由计算机和被控对象组成的。计算机多采用专门的工业控制计算机，也可采用一般计算机或单片机，由硬件和软件两部分组成。硬件是指计算机本身及外部设备实体，软件是指管理计算机的系统程序和进行控制的应用程序。控制对象包括被控对象、测量变换、执行机构和电气开关等装置。

一、计算机控制系统的结构

1. 硬件

硬件包括计算机、输入/输出通道和接口、人机交互设备和接口、外部存储器等。

计算机是计算机控制系统的核心,其关键部件是CPU。CPU通过接口接收人的指令和各种控制对象的参数,向系统各部分发送命令数据,完成巡回检测、数据处理、控制计算和逻辑判断等工作。

输入/输出通道和接口是计算机和控制过程之间进行信息传递和变换的连接通道,一方面将被控对象的过程参数取出,经传感器、变送器变换成计算机能够接收和识别的代码;另一方面将计算机输出的控制指令和数据,变换为操作执行机构的控制信号,实现对过程的控制。输入/输出通道一般分为模拟量输入/输出通道、数字量输入/输出通道、开关量输入/输出通道。

人机交互设备和接口包括操作台、显示器、键盘、打印机、记录仪等,是计算机控制系统与操作人员之间联系的工具。

外部存储器包括磁盘、光盘、磁带等,主要用于存储系统大量的程序和数据,是内存容量的扩充,可根据需要选用外部存储器。

2.软件

软件是指能完成各种功能的计算机程序的总和。软件是计算机控制系统的神经中枢,整个系统的工作都是在软件的指挥下进行协调工作的。软件由系统软件和应用软件组成。

(1)系统软件

系统软件一般由计算机生产厂家提供,是专门用来使用和管理计算机的程序,系统软件包括操作系统、监控管理程序、故障诊断程序、语言处理程序等。系统软件一般不需要用户设计,用户只需了解其基本原理和使用方法即可。

(2)应用软件

应用软件是用户为解决实际问题而编写的程序。在计算机控制系统中,每个控制对象或控制任务都有相应的控制程序,用这些控制程序来完成对各个控制对象的要求。这些为控制目的而编写的程序,称为应用程序,如 A/D、D/A 转换程序,数据采样,数字滤波,显示程序,各种过程控制程序等。只有基于对控制过程、控制设备、控制工具、控制规律的深入了解,才能编写出符合实际且使用效果好的应用程序。

计算机控制系统的硬件是基础,软件是灵魂,只有硬件和软件相互有机地配合,才能充分发挥计算机的优势,研制出完善的计算机控制系统。

二 计算机控制系统的特点

计算机控制系统与一般常规控制系统相比,具有以下特点:

1.技术集成和系统复杂程度高

计算机控制系统是计算机、控制、电子、通信等多种高新技术的集成,是理论方法和应用技术的结合。由于控制速度快、精度高、信息量大,因此能实现复杂的控制,达到较高的控制质量。

2.控制的多功能性

计算机控制系统具有集中操作、实时控制、控制管理、生产管理等多种功能。

3.使用的灵活性

由于硬件体积小、质量轻以及结构设计上的模块化、标准化,软件功能丰富,编程方便,系统在配置上有很强的灵活性。

4.可靠性高、可维护性好

由于采取了有效的抗干扰技术、可靠性技术和系统的自诊断功能,计算机控制系统的可靠性高,可维护性好。

5.环境适应性强

由于控制用计算机一般采用工业控制计算机或专用计算机,能适应高温、高湿、振动、灰尘、腐蚀等恶劣环境。

三 智慧控制系统的分类

1.操作指导控制系统

操作指导控制(ODC)指计算机的输出不直接用来控制生产对象,只对系统过程参数进行收集和加工处理并输出数据,操作人员根据这些数据来进行相关操作。

在操作指导控制系统中,每隔一定的时间,计算机进行一次采样,经 A/D 转换后送入计算机进行加工处理,然后进行显示、打印或报警等。操作人员根据这些结果进行设定值的改变等操作。

操作控制系统的特点是简单、安全可靠,适用于未搞清控制规律的系统。常用于计算机控制系统的初级阶段,或用于试验新的数学模型和调试新的控制程序等。缺点是需要人工操作,操作速度慢,而且不能同时操作多个环节。它相当于模拟仪表控制系统的手动与半自动工作状态。

2.直接数字控制系统

直接数字控制(DDC)系统是用一台微机对多个被控参数进行检测,并将检测的结果与设定值进行比较,按照既定的控制规律进行控制运算,然后输出控制信号,实现对生产过程的直接控制。DDC系统属于计算机闭环控制系统，是计算机在工业生产过程中应用最普遍的一种方式。为了提高利用率，一台计算机有时要控制几个或几十个回路。

3. 监督计算机控制系统

DDC系统中的给定值是预先设定的，不能根据生产过程工艺信息的变化对给定值进行及时修正，所以DDC系统不能使生产过程处于最优工作状态。

监督计算机控制（SCC）系统是一个两级计算机控制系统，在SCC系统中，DDC级计算机完成生产过程的直接数字控制，SCC级计算机则根据生产过程的工况和已确定的数学模型，进行优化分析计算，产生最优化的给定值，送给DDC级执行。SCC级计算机承担高级控制与管理任务，要求数据处理功能强，存储容量大，一般采用高档微机。

如果SCC系统中的DDC级使用模拟调节器，则构成了SCC系统的另一种结构形式。这种结构形式适合企业的技术改造，既应用了原有的模拟调节器，又实现了最优给定值控制。

SCC系统比DDC系统更具有优越性，更接近生产的实际情况，当系统中的模拟调节器或DDC控制器出现故障时，可由SCC级计算机完成模拟调节器或DDC的控制功能，大大提高了系统的可靠性。

由于生产过程的复杂性，其数学模型的建立是比较困难的，因此SCC系统要达到理想的最优控制比较困难。

4. 分布控制系统

分布控制系统（DCS）也称集散控制系统或分散型控制系统。DCS的基本思想是集中管理，分散控制。DCS的体系结构特点：层次化，把不同层次的多种监测控制和计划管理功能有机地、层次分明地组织起来，使系统的性能提高。DCS适用于大型、复杂的控制过程，我国许多大型石油化工企业就是依靠各种形式的DCS来保证它们的生产优质、高效、连续不断地进行的。

DCS从下到上可分为分散过程控制级、控制管理级、生产管理级等若干级，形成分级分布式控制。

分散过程控制级用于直接控制生产过程。它由各工作站组成，每个工作站分别完成对现场设备的监测和控制，基本属于DDC系统的形式，但将DDC系统的职能由各工作站分别完成，从而避免了集中控制系统中"危险集中"的缺点。

控制管理级的任务是对生产过程进行监视与操作。它根据生产管理级的要求，确定分散过程控制级的最优给定值。控制管理级能全面反映各工作站的情况，并提供充分的信息，因此本级的操作人员可以据此直接干预系统的运行。

生产管理级是整个系统的中枢,具有制订生产计划和工艺流程以及对产品、财务、人员的管理功能,并对下一级下达命令,以实现生产管理的优化。生产管理级可分为车间、工厂、公司等若干层,由局域网互相连接,传递信息,进行更高层次的管理、协调工作。三级系统由高速数据通路和局域网两级通信线路相连。

DCS的实质是利用计算机技术对生产过程进行集中监视、操作、管理和控制的一种新型控制技术。它是由计算机技术、信号处理技术、测量控制技术、通信网络技术相互渗透、发展而产生的,具有通用性强、控制功能完善、数据处理方便、显示操作集中、运行安全可靠等特点。

5.现场总线控制系统

现场总线控制系统(FCS)是新一代分布式控制结构,已经成为工业生产过程自动化领域中的一个新热点。该系统采用工作站-现场总线智能仪表的两层结构模式,实现了DCS中三层结构模式的功能,降低了成本,提高了可靠性。

FCS的核心是现场总线技术。现场总线技术是20世纪90年代兴起的新一代控制技术,现场总线是连接智能现场设备和自动化系统的数字式、全分散、双向传输、多分支结构的通信网络。FCS将组成控制系统的各种传感器、执行器和控制器用现场总线连接起来,通过网络上的信息传输完成各设备的协调,实现自动化控制。FCS具有全数字化的信息传输、分散的系统结构、方便的互操作性、开放的互联网络等特点,代表了今后工业控制发展的方向。

现场总线是一种工业数据总线,它是自动化领域中计算机通信体系最低层的低成本网络。它是以国际标准化组织(ISO)的开放系统互连(OSI)协议的分层模型为基础的。目前较流行的现场总线主要有 CAN(控制器局域网络)、LonWorks(局域操作网络)、PROFIBUS(过程现场总线)、HART(可寻址远程传感器数据通路通信协议)、FF(基金会现场总线)现场总线。

现场总线有两种应用方式:低速方式和高速方式。低速方式主要用于代替直流4～20 mA模拟信号以实现数字传输,它的传输速率为31.25 kbit/s,通信距离为1 900 m(通过中继器可以延长),可支持总线供电,支持本质安全防爆环境。高速方式的传输速率分为1 Mbit/s和2.5 Mbit/s两种,通信距离分别为750 m和500 m。

6.计算机集成制造系统

计算机集成制造系统(CIMS)由决策管理、规划调度、监控、控制四个功能层次的子系统构成,实现管理控制的一体化模式。决策管理层根据管理信息和生产过程的实时信息,发出多目标决策指令。规划调度层则按指令制订相应的生产计划并进行调度,通过监控层对控制层加以实施,使生产结构、操作条件在最短的时间得到调整,跟踪和满足上层指令;同时,将生产结构和操作条件调整后的信息反馈到决策管理层,与决策目标进行比较,若有偏差,则修改决策,使整个系统处于最佳的运行状态。CIMS是以企业的全部活动为对象,对市场信息、生产计划、过程控制、产品销售等进行全面、统一管理,使其形成一个动态反馈系统,具有自己判断、组织、学习的能力。CIMS是综合应用信息技术和自动化技术,通过软件的支持,对生产过程的物质流与管理过程的信息流进行有效的协调和控制,以满足新的市场模式下对生产和管理过程提出的高效率和低成本的要求。

四　智慧逻辑系统的软件

与计算机应用系统相似,计算机控制系统如果没有安装软件,计算机硬件就是裸机,只构成了计算机控制系统的设备基础。要真正实现计算机控制,必须要为裸机提供或研制相应的软件,将人的过程控制知识与思维加入计算机,用于对生产过程的控制。随着硬件技术的高速发展,计算机控制系统对软件也提出了更高的要求。实际上,只有通过软件和硬件相互配合,才能充分发挥计算机的优势,研制出具有更高性价比的过程计算机控制系统。

1. 计算机控制系统软件技术基础

计算机应用系统中的软件可分为系统软件、工具软件和应用软件三大部分,有时也将工具软件归于系统软件。系统软件用于管理计算机系统的资源,并以简便的形式向用户提供使用资源的服务,包括实时多任务操作系统、引导程序、调度执行程序等,其中实时多任务操作系统是最基本的系统软件。工具软件是辅助软件技术人员从事软件开发工作的软件,借以提高软件的运行效率,改善软件产品的质量,包括汇编语言、高级语言、编译程序、编辑程序、调试程序、诊断程序等。应用软件是采用工具软件、为解决特定应用问题而编制的软件,它涉及应用领域的专业知识,并在系统软件的支持下运行。计算机控制系统的应用软件要实现对生产过程的实时控制和管理,通常由以下四部分组成:

(1)数据收集部分,及时从外部环境收集实时数据并进行格式化。

(2)数据分析部分,能按照应用的需求对数据进行变换。

(3)输出控制部分,对从外部收集来的实时数据适时地做出响应。

(4)监督部分,用来协调上述各部分的工作。

由于计算机控制系统中控制任务的实现是靠应用软件来完成的,因而计算机控制系统中软件设计的好坏,将直接影响控制系统的运行效率和各项性能指标的实现。另外,选择好的操作系统和程序设计语言对程序运行效率也非常重要。在实时工业控制应用系统中,为了实现特定的应用目标,需要进行应用程序的设计和开发。过去,由于技术发展水平的限制,应用程序一般由应用单位自行开发或委托专业单位开发,系统的可靠性和其他性能指标难以得到保证。随着计算机控制系统应用的发展,小规模的、解决单一问题的应用程序已不能满足控制系统的需要,于是出现了由专业单位投入大量人力、财力研制开发的用于工业过程计算机控制并可满足不同规模控制系统的商品化软件。对最终的应用系统用户而言,他们并不需要了解这类软件的各种细节,经短期培训后,所需做的工作仅是填表式的组态而已。由于这些商品化软件的研制者具有丰富的经验,软件产品经过考核和许多实际项目的成功应用,因此可靠性和各项性能指标均可得到保证。

同软件的发展历程一样,计算机控制系统软件的发展也经历了从针对某一具体控制问题进行程序设计,到逐渐针对经抽象的通用问题或中大型控制系统进行规范化、系统化的软件工程设计的发展阶段。在软件工程中,程序设计的主要特点:使用软件语言进行程序设计,这种软件语言不仅指程序设计语言,还包括需求定义语言、软件功能语言、软件设计语言等。不同于以往的程序设计方法,软件工程适合于开发不同规模的软件;开发的软件适合于所基于的硬件向着超高速、大容量、微型化和网络化方向发展的方向;在开发过程中,软件的质量不仅取决于技术水平,还取决于软件开发过程中的管理水平。随着工业过程计算机控制系统内涵与外延的不断扩大,对过程计算机控制系统的要求越来越高,因而其软件设计方法也应按软件工程的方法进行。

2. 计算机控制系统软件的构成

典型的工业过程计算机控制系统软件可分为系统软件和应用软件。这里的系统软件是指计算机控制系统应用软件开发平台和操作平台;应用软件按软件用途分为监控平台软件、基本控制软件、先进控制软件、约束控制软件、操作优化软件、最优调度软件和企业计划决策软件等。先进控制包括多变量控制、预测控制、自适应控制、非线性控制、鲁棒控制及其他特殊控制方法,操作与优化包括局部优化和全局优化。应用软件按分级控制系统或计算机集成制造系统的观点分为两级:控制与优化为第一级,最优调度和计划决策为第二级。

在第一级中,控制与优化一般要采用监控平台软件,因此监控平台软件也归到第一级中。从软件的规模来看,除第一级的基本控制软件外,其余的都属中大规模软件,其编制和应用的复杂程度较高,对其分析和设计的要求也较高。

更具体地说,要完成控制系统的控制与优化任务,从系统功能的角度划分,应用软件应由直接(控制)程序、规范服务性程序和辅助程序等部分组成。直接(控制)程序是指与控制过程或采样/控制设备直接有关的程序。直接(控制)程序参与系统的实际控制过程，完成与各类I/O模板直接相关的信号采集、处理和各类控制信号的输出任务；其性能会影响系统的运行效率和精度，是系统设计中难度较高、应予重视的部分。规范服务性程序是指完成系统运行中的一些规范性服务功能的程序，如报表打印输出、报警输出、算法运行、画面显示等。规范服务性程序虽然在控制系统中只起支撑的作用，但它与完成整个控制任务有密切的关系。辅助程序包括接口驱动程序、检验程序等。设备自诊断程序可对设备故障进行自动诊断，当检测出错时，启用备用通道并进行自动切换以及错误恢复等操作。这类程序虽然与控制过程没有直接关系，但能增加整个系统的可靠性，是应用软件系统的不可缺少的组成部分。

3.计算机控制系统软件的特点

从计算机控制系统的组成来看，硬件是基础，控制系统软件是整个系统的关键。由于计算机硬件的迅猛发展，目前已能从市场上直接购买到各种系列的过程控制通道板和控制单元产品。当一个控制系统的硬件设备定型后，其软件水平决定了整个控制系统的性能。由于过程控制的特殊性，要求控制系统的软件具有实时性强、可靠性高和功能多的特点，因此控制系统能否灵活地配置和扩充，能否适用于各种不同的控制方案，根据实际需要组态生成的应用控制系统能否进行优化调度、控制、显示、打印和其他管理功能，使整个系统能高效率地运行，其关键在于软件的合理系统结构。

一般说来，工业过程控制系统软件至少由系统组态程序，前台控制程序，后台显示、打印、管理程序以及过程数据库等组成，具体实现的功能如下：

(1)实时数据采集实现现场过程参数的采集、监测功能。

(2)闭环输出实现在数学模型支持下进行闭环控制输出，以达到优化控制的目的。

(3)逻辑控制包括顺序(程序)逻辑控制和组合控制功能。

(4)报警监视实现当生产过程出现异常情况时能及时以声、光等形式报警。

(5)画面显示和报表输出。

(6)可靠性功能包括自诊断、掉电处理、备用通道切换和为提高系统可靠性和维护性所采取的措施。

(7)管道功能包括文件管理、数据库管理、趋势建立、统计分析等。

(8)通信功能包括控制单元间、操作站间、子系统间的数据通信功能。

(9)应用功能指组态生成各种应用系统、画面和报表生成等功能。

根据上述功能，衡量一个过程控制系统软件性能的主要指标有以下几点：

(1)系统功能是否完善，能否提供足够多的控制算法(包括若干种高级控制算法)。

（2）系统内各种功能能否完善地协调运行，如进行实时采样和控制输出的同时，又能显示画面、打印管理报表和进行数据通信操作。

（3）人机接口是否良好，要有丰富的画面和报表形式以及较多的操作指导信息。另外操作要方便、灵活。

（4）系统的可扩展性能，即能否不断地满足用户的新要求和特殊的需求。

由于对控制软件提出的功能和指标要求比一般的软件要求要高，因此对控制系统的设计也相应提出了较高要求。设计者不仅应具备丰富的自动控制理论知识和实践经验，还需深入了解计算机系统软件，包括操作系统、数据库等方面的知识。设计者应既熟悉控制现场要求，又熟练掌握编程技术。所以，要设计并开发成功一个较好的工业过程计算机控制软件是不易的。

4.软件开发工具

目前，越来越多的控制工程师已不再采用芯片—电路设计—模块制作—系统组装调试的传统模式来设计计算机控制系统，而是采用组态模式。计算机控制系统的组态功能可分为硬件组态和软件组态。

其中，软件组态常以工业控制组态软件为主来实现。工业控制组态软件是标准化、规模化、商品化的通用过程控制软件。控制工程师在不需要了解硬件和程序的情况下，在屏幕上采用选择菜单的形式，用填表的办法，对输入、输出信号用"仪表组态"进行软件开发。这种具有简单明了、使用方便等特点，便于控制工程师掌握和应用，同时减少了重复性、低层次、低水平应用软件的开发，提高了软件的使用效率、价值和控制的可靠性，缩短了应用软件的开发周期，适合于工程项目的开发。但是其成本较高，灵活性有限，因此不适合开发成批生产的产品。开发成批生产的产品一般采用汇编语言和高级语言。

计算机控制系统中，涉及的工业控制计算机种类繁多，承担的任务各不相同，因此采用的软件开发工具各不相同。在计算机控制系统中，集中操作监控级计算机的应用软件和分散过程控制级的PLC应用软件采用组态软件开发，属于工程开发。外围系统为降成本，上位机采用高级语言编程；作为下位机的远端数据采集模块是一种定型产品，是以单片机为核心的智能模块，其软件开发采用C语言或汇编语言，属于产品开发。

五　智能控制中的操作系统

1. 操作系统概述

（1）操作系统的概念

计算机系统由硬件和软件组成。在众多的计算机软件中，操作系统占有重要的地位，是最基本的系统软件，直接运行在裸机之上，是硬件机器的第一级扩充。软件的运行需要靠操作系统的支持。操作系统的目的是控制与管理计算机的硬件和软件资源，合理地组织计算机工作流程，方便用户使用计算机。

从用户的观点来看，操作系统是用户与计算机之间的接口，有了操作系统，用户可以方便地使用计算机；同时，操作系统又是支持其他软件运行的平台。

从资源管理的观点来看，操作系统是控制与管理计算机系统资源的软件，根据它所管理资源的类别，操作系统由处理机管理、存储管理、设备管理、文件管理与作业管理等部分组成。

从进程的观点来看，操作系统由若干个进程与一个系统核心组成。在系统核心的组织、管理与协调下，若干个进程可并行地运行，从而达到合理地组织计算机工作流程的目的，体现出计算机动态工作的观念。

从软件层次的观点看，操作系统是由若干层次的程序、按一定的结构组织起来并协调工作的软件。

操作系统按工作方式可分为三类：批处理操作系统、分时操作系统和实时操作系统。前两种是通用系统，即不同的用户可以在它上面完成自己的工作任务；而实时系统是专用系统，系统与应用很难分开，常常紧密地结合在一起，形成一个有机体。

近年来，由于网络技术的飞速发展与普遍使用，共享网络资源的网络操作系统已大量出现。

（2）操作系统的功能

操作系统主要具有以下五大管理功能：

① 作业管理

所谓作业，可理解为用户提交计算机执行的工作单元。一项作业可涉及一个或多个程序，包含若干个进程，即程序为某个数据集合所进行的一次执行过程。对作业的控制有脱机和联机两种方式。在批处理操作系统中，所有作业统一由系统操作员送入磁盘（带），由作业控制语言实现作业的提交和运行，称为脱机控制。而在分时或实时操作系统中，作业由用户在终端或控制台上用操作系统的命令控制，称为联机控制。有些大型机或小型机的操作系统能同时支持批处理和分时(或实时)两种作业处理方式。它们将用户作业划分为前台与后台,前台执行分时(或实时)作业,后台则插空处理批处理作业。这样,可在前台优先的前提下,使计算机资源得到更充分的利用。

②处理器管理

处理器管理也称 CPU 管理,是指在多个进程共享一个 CPU 的情况下,根据选定的策略对 CPU 实施分配与回收。一般来说,一个作业从进入计算机到占有 CPU 投入运行,要经过以下两级调度:

● 作业调度确定哪个作业进入执行状态,也称为高级调度或宏调度。

● 进程调度确定哪个进程可占有 CPU,也称为低级调度或微调度。

③存储管理

存储管理的基本功能主要包括以下三个方面:

● 内存分配根据适当的算法分配和回收(或称去配)内存空间,保证操作系统和各个用户作业有必要的活动空间。

● 内存保护防止在多道程序或多任务运行时,用户程序对系统程序或其他用户程序的破坏。内存保护需要硬件提供支持。

● 内存扩充提供容量远大于内存容量的虚拟存储器,以解决多任务环境下内存紧张及不够用的问题。

④设备管理

设备管理的任务如下:

● 对系统的输入/输出(I/O)设备进行统一的分配与管理,使有限的设备资源为多个用户共享。

● 由操作系统代替用户来控制设备运行,达到既方便用户,又可防止操作错误、保障设备安全的目的。主要功能包括:

设备分配决定将设备分配给谁,按什么策略分配,在什么时机分配。单用户系统不存在设备分配问题。

设备驱动控制外部设备实施具体的输入/输出操作,并根据操作的结果,进行相应的处理。

虚拟设备用一种设备或其他资源模拟另一种设备,借以提高设备的使用效率。

⑤文件管理

文件管理的功能如下:

● 文件存储与检索决定文件存储到外存介质上的方式、存储结构和存取方法,以及外存空间的分配与回收。

● 文件操作向系统和用户提供文件操作功能,包括对文件的按名查找、建立、删除和读/写等,让用户对文件做到灵活、方便的使用。

● 文件保护与控制防止文件被非法使用或破坏。

2.操作系统的分类

操作系统可以按不同的分类方法进行分类。

(1)按功能分类

①批处理操作系统

最早出现的是单道批处理操作系统。在一个作业运行结束后,随即自动调入同批中的下一个作业,从而节省了作业之间的过渡时间,提高了资源的利用率。接着问世的是多道批处理操作系统。它除了保持作业自动过渡的功能外,还支持同一批中的多道用户程序在一个 CPU 中同时运行。当运行中的一个作业因输入/输出操作需要调用外部设备时,把 CPU 及时交给另一道等待运行的作业,从而将主机与外部设备的工作由串行改变为并行,进一步提高了资源的利用率。批处理操作系统虽然提高了计算机的效率,但也存在一个缺点:交互能力差。由于一次要处理一批作业,在该批作业处理过程中,任何用户都不能与计算机进行交互,即使发现某个作业的程序错误,也要等该批次作业全部结束后才能修改。

②分时操作系统

分时操作系统适用于连接多台终端机的计算机系统,由操作系统将 CPU 时间划分为许多很短的时间片,轮流为各个终端的用户服务。例如,操作系统是一个具有 20 个终端的分时系统,若每个终端每次分配给 50 ms 的时间片,则每隔 1 s 即可为所有的用户服务一遍。分时操作系统对每个终端都能够及时响应,因此,终端上的用户几乎感觉不到分时的存在,觉得整个系统均为自己占有,这一特性称为"独占性",它与"交互性"(人机对话)、"同时性"并称为分时操作系统的三大特征。

③实时操作系统

实时操作系统要确保对多个任务或随机事件做出即时响应,即必须把系统的"实时性"与"可靠性"放在第一位。实时多任务操作系统的核心除了支持多任务外,还要具有实时处理能力。其特征如下:

(1)实时操作系统为了能在系统要求的时间内响应异步的外部事件,要求有异步 I/O 和中断处理能力。

(2)切换时间短。当紧急事件发生时,实时操作系统必须在特定时间内立即对紧急任务服务。切换时间是指任务之间切换所需的时间。花费的时间主要由实时操作系统保持处理机状态和寄存器内容以及中断服务后返回处理先前任务所需的时间决定。

(3)中断等待时间短。中断等待时间是系统应答最高优先级中断并调度任务对其进行服务所需的最长时间。中断等待时间与操作系统所用的CPU、主频和中断处理方式有关。

(4)优先级中断和调度。实时操作系统必须允许用户定义中断优先级、调度任务的优先级以及处理中断的方式,这样可以保证比较重要的任务在允许时间内被调度,而不必考虑其他系统事件。

(5)抢占式调度。为保证响应时间,实时操作系统必须允许高优先级任务一旦准备好运行马上抢占低优先级任务而进入运行状态。

(6)同步实时操作系统要协调共享数据的使用及执行时间的手段。

实时多任务操作系统有别于批处理操作系统,实时多任务操作系统认为保证可靠操作远比让所有资源经常处于"忙碌"状态更为重要,因此,大多数实时多任务操作系统的CPU负荷率在30%之内,这样CPU有足够的能力进行即时响应。实时多任务操作系统也有别于分时操作系统,实时多任务操作系统的实时响应时间随系统的要求而变化,例如飞机订票系统一般要求在数秒内响应,而化工装置的安全切断阀要求在数毫秒内响应,而分时操作系统的响应时间总是保持在一定的时间范围内。因此,实时操作系统属于专用操作系统,以便根据需要来设计。

(7)按计算机配置分类

①大型计算机

大型计算机的资源多,价格昂贵,因此希望操作系统具有完备的功能,以便充分地利用大型计算机的资源。

②微型机

微型机的配置简单,价格便宜,要求操作系统短小精练,具有较大的灵活性。

(8)按用户或任务分类

按用户或任务为单一还是多个来划分操作系统,是现代操作系统的一种常见的分类方法。分时操作系统和网络操作系统属于多用户操作系统,能够支持多个用户的作业同时在系统上运行。操作系统的另一个发展趋势是从"单任务"向"多任务"发展,即允许同一用户在一次上机中同时执行一个以上的任务,例如在计算作业的同时编辑另一个源程序。现在的操作系统一般都支持多任务。

第二节　人机交互

人机交互系统是机器人系统中能让人感受到机器人智能化程度的系统,包括人机工程学与人机交互学两方面的内容。

一　人机工程学

1.人机工程学的命名

由于人机工程学研究和应用的范围极其广泛,因而世界各国对这一学科的命名略有差别。在美国被称为"Human Engineering"(人类工程学)、"Human Factors Engineering"(人类因素工程学)。在欧洲则被称为"Ergonomics"(人类工程学或人类工效学),是由希腊词根"ergo"(工作、劳动)和"nomos"(规律、规则)复合而成的,其本义为人的劳动规律,已被国际标准化组织正式采纳使用。

人机工程学于20世纪70年代末在我国兴起,由于该学科在我国主要被用于协调产品与人之间的关系,因而普遍采用人机工程学这一名称。此外,常见的名称还有人类工效学、人因工学、工程心理学、宜人学等。

2.人机工程学的定义

由于各国国情和研究的针对性不同,不同国家对这门学科的命名及侧重点也不同。美国人机工程学专家给出的定义为:设备的设计必须适合人体各方面的因素,以便在操作上付出最小的代价而求得最高的效率。另有人机工程学专家认为,人机工程学研究的是人与机器相互关系的合理方案,即对人的知觉显示、操作控制、人机系统的设计及其布置和作业系统的组合等进行有效的研究,其目的在于获得最高的效率及操作时使作业者感到安全和舒适。日本人机工程学专家认为,人机工程学是根据人体解剖学、生理学和心理学等学科,了解并掌握人的作业能力与极限,使工作、环境、起居条件等和人体相适应的科学。苏联人机工程学专家认为,人机工程学是研究人在生产过程中的可能性、劳动活动方式、劳动的组织安排,从而提高人的工作效率,同时创造舒适和安全的劳动环境,保障劳动人民的健康,使人从生理上和心理上得到全面发展的一门学科。

2000年8月,国际人机工程学会(International Ergonomics Association)将人机工程学定义为,研究人与系统中各因素之间的相互作用,以及应用相关理论、原理、数据和方法来设计以达到优化人类和系统效能的学科,这个定义将人-机-环境系统作为研究的整体对象,运用生理学、心理学和其他有关学科知识,根据人和机器的条件及特点,合理分配人和机器承担的操作职能,并使之相互适应,从而为人创造出舒适和安全的工作环境。

二 人机工程学的发展历程

人机工程学起源于欧洲,但学科体系的真正形成和发展在美国。电影《摩登时代》中有一名在生产流水线上机械工作的产业工人,他的任务是拧紧六角螺母,由于工作时间长、强度高,导致他在生活中只要看见六角形的东西就会情不自禁地去拧。其生理和心理状态从某种程度上反映了片面关注提高生产效率,使人适应机器的一种生产和管理方式,这就是当时著名的泰勒制。

1. 人机工程学的萌芽阶段——原始人类与劳动工具

创造力是人类的天性,由于人自身的局限,需要借助不同的工具来延展及辅助人类目标的达成,这一过程反映了人类不断创造劳动工具改造世界的驱动力。人类从撷取自然界不经打磨的石块来切、钻、砍砸发展到学会人工磨制天然石材的过程,反映了最初始的人机关系——人通过不断改造工具,使工具更加适应人的各方面机能,从而提高生产效率。

旧石器时代的石制工具主要为砍砸器和刮削器,制作粗糙,外形简陋。新石器时代,石质工具制作技术有了很大进步,以磨制加工为特点,并且懂得对石材进行选择,通过切断、磨制、钻孔、雕刻等工序,使工具的形状、大小及厚度适应于不同的用途,大大提高了生产效率,反映了随社会的进步和环境的演变,人与工具之间不断改造以适应的原始人机关系。

2. 人机工程学的初始阶段——经验人机工程学

早在石器时代,人类学会了选择石块制成可供敲、砸、刮、割的工具,从而产生了原始的人机关系,人类为了提高工作能力和生活水平,不断地创造、发明器具设备。从 19 世纪末到 20 世纪 90 年代,人们意识到研究人机关系的重要性,开始采用科学的方法研究人与操作工具的关系,其中比较著名的试验是泰勒铁锹试验与吉尔布雷斯砌砖试验。

1898 年,泰勒进入伯利恒钢铁公司后,对铲煤和矿石的工具——铁锹进行研究,找到了铁锹的最佳设计以及每次铲煤和矿石的适宜质量。同时,泰勒还进行了操作方法的研究,剔除不合理的动作,制定省力、高效的操作方法和相应的工时定额,大大提高了工作效率。

1911 年,吉尔布雷斯夫妇通过快速拍摄影片,详细记录工人的操作动作,并对其进行分析研究,将工人的砌砖动作进行简化,使砌砖速度由原来的 120 块/时提高到

350块/时。

在这一时期,德国心理学家将当时心理技术学的研究成果与泰勒的科学管理学从理论上有机地结合起来,提出了心理学对人适应工作与提高效率的重要性,孕育了人机工程学的思想萌芽。人机关系的特点表现为以机器为中心,通过选拔和培训使人去适应机器。由于机器的效率高、速度快、强度大,当人难以适应的时候可能会出现安全事故。

3. 人机工程学的形成阶段——科学人机工程学

第二次世界大战期间,各种新式武器装备产生,但由于片面注重新式武器和装备的功能研究,忽视了"人的因素",以致发生因操作失误而发生事故的情况。从那时起,研究人员开始注重对人的关注,只有当武器装备符合使用者的生理、心理特性和能力限度时,才能发挥其高效能,避免事故发生。从此,工程技术才真正与生理学、心理学等人体科学结合起来。对人机关系的研究,从"人适应机器"转为"机器适应人"的新阶段。如图3-1所示。

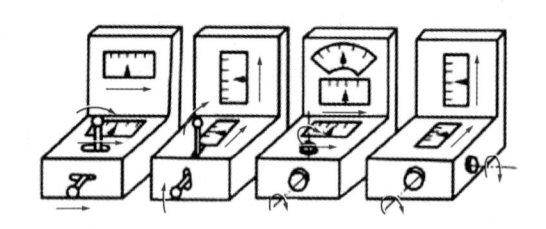

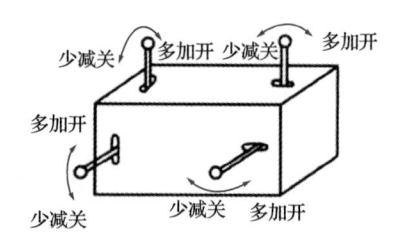

图3-1 仪表盘的动作与指示关系

随后,人机关系的研究成果在工业领域也得到广泛应用。1949年,英国成立了第一个人机工程学科研究组。1950年2月16日,在英国召开的会议上通过了人机工程学(Ergonomics)这一名称,正式宣告人机工程学作为一门独立学科的诞生。

人机工程学奠基者和创始人亨利·德雷夫斯于1930年与贝尔公司合作,他坚持工业产品设计应该考虑高度舒适的功能性,提出了从内到外的设计原则。他的设计信念是设计必须符合人体的基本要求,他认为,适应于人的机器才是最有效率的机器。经过多年的研究,他总结出了有关人体的数据以及人体的比例与功能,为人机工程学这门学科奠定了基础。

4. 人机工程学的发展阶段——现代人机工程学

20世纪60年代,人机工程学的应用领域越来越广泛,逐步扩展到人类生活的各个领域,如衣、食、住、行、学习、工作、休闲等各种设施、用具的科学化、宜人化。同时,研究领域不断扩大。控制论、信息论、系统论的建立,给人机工程学提供了新的理论和试验场所,也给该学科的研究提出了新的要求和课题,从而促使人机工程学进入了系统的研究阶段,它已经不限于人机界面匹配问题,而是把人-机-环境系统作为一个统一的整体来研究,以创造最适合于人操作的机械设备和作业环境,使人-机-环境系统相协调,从而获得系统的最高综合效能。从20世纪60年代至今,可以称为现代人机工程学的发展阶段,见表3-1。

表 3-1　　　　　　　　　　　人机工程学的诞生与建立

时间	人机工程学相关事件
1898 年	泰勒铁锹试验
1911 年	吉尔布雷斯砌砖试验
1945 年	美国军方成立工程心理实验室
1949 年	美国成立人机工程研究协会
1949 年	查帕尼斯等人出版了《应用实验心理学——工程设计中人的因素》,系统地论述了人机工程学的基本理论和研究方法,奠定了理论基础
1950 年	美国成立了世界上第一个人类工效学学会
1954 年	伍德森发表了《设备设计中的人类工程学导论》
1957 年	麦克考米克出版了《人类工程学》,被美国、欧洲和日本等国家和地区广泛作为大学教科书
1957 年 9 月	美国政府出版周刊《人的因素学会》
1990 年至今	人-机-环境系统的建立

三　人机工程学在我国的发展

我国人机工程学研究是从20世纪30年代开始的,但系统和深入地开展研究则是在改革开放以后。1980年4月,国家标准局成立了全国人类工效学标准化技术委员会。1984年,国防科工委成立了国家军用人-机-环境系统工程标准化技术委员会。这两个技术委员会的成立,有力地推动了我国人机工程学研究的发展。中国人类工效学学会于1989年成立,于1991年1月成为国际人类工效学协会的正式成员,并于1995年9月创刊了学会期刊《人类工效学》。随着我国科技和经济的发展,人们对工作条件、生活品质的要求逐步提高,对产品的人机关系特性也日益重视。

1. 人机工程学的应用领域

人机工程学的主要应用领域见表 3-2。

表 3-2 人机工程学的主要应用领域

主要领域	类别	应用举例
产品设计与改进	机电设备 交通工具 建筑设备 宇航系统	数控机床 飞机、汽车 工业与民用建筑 宇宙飞船
作业设计与改进	作业姿势 作业量 工具选用和配置	工厂生产作业 车辆驾驶作业 货物搬运作业
作业环境设计与改进	声、光、热、振动、气味等	生产车间 控制中心 计算机机房
作业流程的管理设计与改进	人与组织 人与设备 信息、技术模式	经营流程 生产与服务过程优化 管理运作模式 管理信息系统 计算机集成制造系统 决策行为模式 人员选拔与培训

2. 人机工程学的学科体系

如图 3-2 所示,人机工程学强调理论与实践相结合,重视科学与技术的全面发展,涉及多门基础学科,从中吸取丰富的理论知识和研究方法,具有现代交叉学科的特点,是一门综合性的边缘学科。

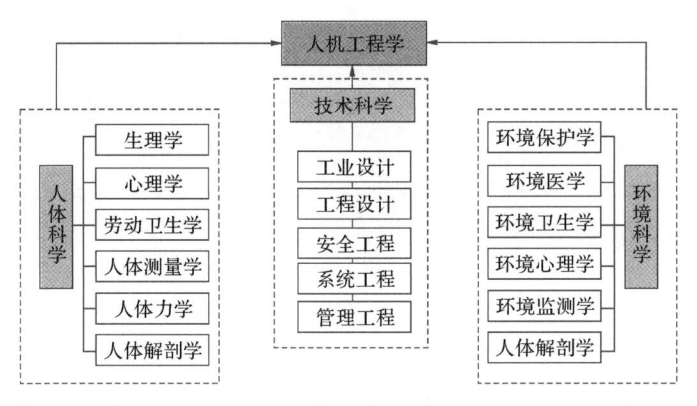

图 3-2 人机工程学的学科体系构成

四、人机交互学

人机交互（human-computer interaction，HCI）技术是研究人、计算机以及它们之间相互关系的技术。人机交互界面是指人与计算机之间的通信媒体或手段，其模式已从语言命令、图形用户界面交互阶段发展到自然和谐的感性用户界面阶段。以人为中心，自然、亲切、生动地交互，成为发展新一代人机交互的主要目标。

人类之间的交流与沟通是自然而富有感情的，因此在人与计算机的交互中，人们也期望计算机具有情感能力。情感计算就是赋予计算机类似于人的观察、理解和生成各种情感特征的能力，最终使计算机能够像人一样进行自然、亲切和生动的交互。

随着计算机技术的迅猛发展，人机交互技术也发生了质的变化，人机交互经历了从人适应计算机到计算机不断适应人的发展过程，主要包括：

1. 语言命令交互阶段

在计算机发展的早期，人机之间的通信是通过计算机语言完成的。计算机语言经历了穿孔纸带、汇编语言和高级语言三个阶段。这个过程也可以看作早期人机交互的发展过程。

早期的人机交互是通过命令语言进行的，人与计算机之间通过语言的输入、输出功能来完成交互。最初，人机交互是采用手工操作输入计算机语言指令（二进制代码）来控制计算机的，这种形式不符合人的习惯，既耗费时间，又容易出错，只有专业人员才能做到运用自如。后来出现了 FORTRAN、PASCAL、COBOL 等高级语言，人们可以用比较习惯的符号形式来描述计算过程，交互操作由经过一定训练的程序员完成。这一时期，程序员可采用批处理作业语言或交互命令语言的方式与计算机交流，虽然需要记许多命令和熟练地敲击键盘，但已可采用较方便的手段来调试程序和了解计算机的执行情况。

20世纪60年代中期,命令行界面出现,人们可以通过命令选择或命令语言方式进行人机交互。命令行界面可以看作第一代人机界面。在这种界面中,人被看成操作员,计算机仅做出被动的反应,但人只能通过用手操作键盘的方式输入数据和命令信息,界面输出只能为静态字符,因此这种人机交互界面的自然性较差。命令行界面通常需要用户记忆操作的命令,因此不便于初学者使用。

2.图形用户界面阶段

图形用户界面的出现让人机交互方式发生了巨大变化。图形用户界面是一种结合计算机科学、美学、心理学和行为学的人机系统工程。图形用户界面的主要特点包括桌面隐喻、WIMP技术、直接操纵和"所见即所得"。图形用于界面简单易学,通过窗口、图标、菜单、按键等方式就可以方便地操作,不懂计算机的人也可以熟练地使用,从而拓宽了用户群,使计算机技术得到了广泛普及。

(1)"Memex"信息机器的构想

图形用于界面技术的起源可以追溯到20世纪40年代。1945年,美国科学家Bush提出了一种称为"Memex"信息机器的构想,如图3-3所示。

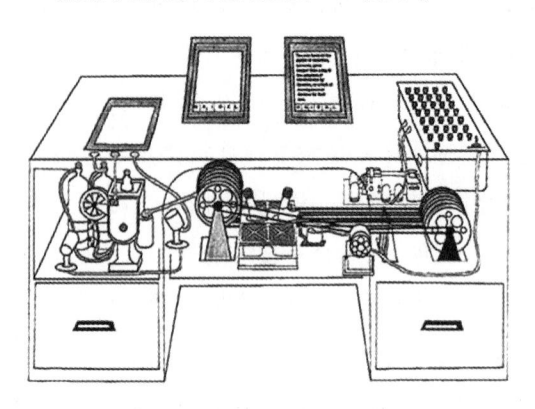

图3-3 "Memex"信息机器的构想

他认为这种信息机器具有与书桌类似的外观,还有两个可触摸操作的显示器、一个输入键盘和一个扫描仪,通过信息机器,用户可以访问人类的所有知识库。当时,他的想法纯属科学幻想,但不可否认,该设想极有远见,成功地描绘了半个世纪后的计算机形态。

(2)可直接构造图形图像的Sketchpad系统

Sketchpad系统可以在显示屏上直接构造图形图像,如图3-4所示。该系统首次引入了菜单、非重叠的瓦片式窗口和图标,同时可用光笔进行绘图操作,该发明代替了通过键盘向计算机输入代码公式的人机交互方式。更具革命性的是,在显示屏上做某些改动后,存储在计算机中的信息可以改变和更新。

(3) 世界上第一只鼠标

1968年12月9日，世界上第一只鼠标诞生于美国斯坦福大学。设计这只鼠标的目的是用鼠标代替键盘烦琐的输入，使计算机的操作更简便。鼠标的外形是一只手掌大的小木头盒子，如图3-5所示，其工作原理是由盒子底部的小球带动枢轴转动，继而带动变阻器改变阻值产生位移信号，位移信号经计算机处理后，屏幕上的光标就可以移动。鼠标经过不断改进，在苹果、微软等公司的图形用户界面系统上得到了成功的应用，使鼠标与键盘成为目前计算机系统中必备的输入装置。特别是20世纪90年代以来，随着网络热在全球范围的升温，鼠标已成为人们必备的人机交互工具。

图 3-4 最初的"画板"程序　　图 3-5 世界上第一只鼠标

(4) 使用图形用户界面的个人计算机

20世纪70年代，Kay在施乐公司的PARC（Palo Alto Research Center）领导科研人员全力攻克图形化设计这一IT技术的战略制高点，并在1973年与同事构建了Alto（奥托）个人计算机，如图3-6所示。Kay成为Macintosh和Windows的先驱。施乐公司在首台Alto个人计算机上首次开发了位图。

显示技术为开发可重叠窗口、弹出式菜单等提供了可能。这些工作奠定了目前图形用户界面的基础，形成了以图形窗口（Window）、图标（Icon）、菜单（Menu）和指针装置（Pinting device）为基础的第二代人机界面，即WIMP界面。1984年，苹果公司仿照PARC的技术开发出了新型的Macintosh个人计算机，如图3-7所示，将WIMP技术引入计算机领域，这种全部基于鼠标及下拉式菜单的操作方式和直观的图形用户界面引发了计算机人机界面的历史性变革。

图 3-6　Alto 个人计算机　　　　　图 3-7　Macintosh 个人计算机

与命令行界面相比,图形用户界面的人机交互自然性和效率都有较大幅度的提高。图形用户界面很大程度上依赖于菜单选择和窗口小部件。经常使用的命令通过鼠标来实现。鼠标驱动的人机界面便于初学者使用,但重复性的菜单选择会给有经验的用户造成不便,他们有时倾向于使用命令键而不使用菜单选择。另外,图形用户界面需要占用较多的屏幕空间,并且难以表达和支持非空间性的抽象信息的交互。

3.人机自然交互阶段

人机自然交互可以理解为利用人类的日常交流方式与计算机进行交互。在人与人的交流中,人类可以利用语音、肢体、手势、眼神等方式实现交互。随着计算机技术、网络技术、模式识别技术以及虚拟现实技术的发展,采用上述方式与计算机交流并进行协同工作已经成为现实。

(1)语音交互

语音交互是人们日常生活中常用的交互方式,用语音控制计算机并与其进行交互是人类一直以来所追求的目标。微软自 1993 年起就将语音技术作为人机自然交互的重要组成部分,并专门成立了语音研究组。随着微软新一代操作系统 Windows Vista 和 Windows 的推出,其新一代语音合成与语音识别技术也逐步进入千家万户。

(2)普适计算

普适计算是强调和环境融为一体的计算,计算机本身则从人们的视线里消失。在普适计算模式下,人们能够在任何时间、地点、以任何方式与计算机进行交互。国际上已开展了许多普适计算的项目,其中较为著名的是美国麻省理工学院计算机科学和人工智能实验室所进行的氧气计划,其负责人解释氧气计划为"关于以人为本的普适计算",其目的是使丰富的计算和交互能力像空气一样无所不在、自由地融入人们的生活中。其他比较著名的项目有美国斯坦福大学的交互工作空间项目、美国伊利诺伊大学的活动空间项目和微软的舒适生活项目等。

(3)体感交互

2006年,日本任天堂公司推出了家用游戏主机Wii,Wii的特色是它的标准控制器Wii Remote,Wii Remote的外形如同电视遥控器一样,可以单手操作。除了可以像遥控器通过按钮进行控制外,它还有两项功能:指向定位和动作感应。指向定位如同光线枪或鼠标一样,可以控制屏幕上的光标;动作感应可侦测三维空间中的移动及旋转;将两者相结合即可达成"体感操作"。Wii Remote在游戏可以作为球棒、指挥棒、鼓棒、钓鱼竿、转向盘、剑、枪、手术刀、钳子等工具,使用者可以通过挥动、甩动、砍劈、突刺、回旋、射击等方式来实现与游戏场景的交互,如图3-8所示。

图3-8 使用Wii Remote的游戏场景

(4)基于视线追踪的人机交互

人们在观察外部世界时,眼睛总是与其他人体活动自然、协调地工作,视线信息可以反映人的心理状态,同时对心理状态的表达有着重要的辅助作用,因此视线可作为人机交互的通道之一。

2008年,日本东京大学与日本国立信息学研究所开发出基于视线追踪的人机交互系统,计算机可实时感知用户的视线信息并做出智能反应。

(5)第六感交互

当遇到某人、某事或来到某地时,我们使用五感来收集信息,然后决定采取什么样的行动。但是,大多数有用信息并不来自五感,而是来自人类千百万年来对万事万物积累的数据、体验和知识,这些信息在互联网上已逐渐汇聚成信息的海洋。虽然计算机设备的小型化技术已经可以让人们把计算机放进口袋,随时随地保持与数字世界的连接,但是仍然无法让数字设备直接参与人们与真实世界之间的互动。第六感技术跨越了这个鸿沟,将无形的数字信息和有形的世界连接起来,让人们能够通过自然手势与这些信息交流。第六感系统通过无缝整合信息和现实世界,突破了对信息的限制,将整个世界放进了计算机。

2009年，美国麻省理工学院发明了一种被称为第六感的交互技术。应用该技术，人们可以通过用双手操控来与计算机进行实时交互。第六感系统由摄像头、投影仪、指环和计算机等构成，如图3-9所示。摄像头可以捕捉手指的运动轨迹，识别交互命令；投影仪负责在需要的地方实时生成图像，如将手掌变成屏幕电话等。

图3-9 第六感系统

（6）虚拟现实

虚拟现实（Virtual Reality，VR）是近年来出现的高新技术，也称灵境技术或人工环境，涉及计算机图形学、人机交互技术、传感技术、人工智能等。虚拟现实是利用计算机模拟产生一个三维空间的虚拟世界，生成逼真的视觉、听觉、触觉等感觉，让使用者如同身临其境，自然地观察三维空间中虚拟世界内的事物，作为参与者在虚拟世界中进行体验和交互。虚拟现实是人们通过计算机对复杂数据进行可视化操作与交互的一种全新方式。与传统的人机交互方式相比，虚拟现实在技术上有了质的飞跃，人们可以通过使用各种特殊装置将自己"投射"到虚拟环境中，并操作、控制环境，与环境进行交互。如图3-10所示为虚拟现实系统。

图3-10 虚拟现实系统

4.人机情感交互阶段

20世纪90年代以后，人类社会进入信息时代，人们的首要需求从物质层次转向精神层次。随着"人-人互动"逐渐减少，"人-机互动"不断增加，情感的需求也更加强烈。与人类之间交流的情况一致,人机交互所要解决的问题是使计算机具有"情感"的能力。计算机一旦具有"情感",人类就进入了高级信息时代。

人类不仅具有理性思维和逻辑推理的能力,还具有情感能力。众所周知,计算机具有高效的运算能力、极高的计算精度、超强的记忆能力、复杂的逻辑判断能力和按事先设计的程序自动工作的能力。即计算机具有理性思维和逻辑推理的"大脑"。由于人类的行为、活动不仅取决于理性思维和逻辑推理,还在很大程度上受情感能力的影响,因此在人机交互中,人们也期望计算机具有情感能力。为了实现人机情感交互,人们希望计算机能够模仿人的情绪、感觉和感情等。

神经生理学界的研究成果表明,人在决策时掺杂太多的感情因素固然不可,但若丧失了这种感情成分,决策同样难以实现。当大脑皮层和边缘系统之间的通道缺损时,人会由于缺乏感情而导致决策能力下降。人类智能中的情感能力是与理性思维和逻辑推理能力相辅相成的。

人机情感交互就是要赋予计算机类似于人一样的观察、理解和生成各种情感特征的能力,最终使计算机能够像人一样与人类进行自然、亲切、生动和富有情感的交互。人与人进行交流时,是通过人脸表情、语音情感、带有感情的肢体动作、文本情感信息等来感知对方的感情的。

人与人的交流可以通过表情、语音、眼神、手势等方式进行。然而,计算机没有人脸和躯体,无法运用上述方式进行交流。仿生代理是实现人与计算机自然交互的媒介。

(1)人脸表情交互

人脸表情是人与人之间交流的一种重要的信息传递方式,它不仅增强了人们表达的效果,还有助于人们更为准确地理解他人所要表达的含义。人脸表情交互是人机情感交互的一个重要研究内容。计算机通过对人脸表情的识别,可以感知人的情感和意图,并合成自身的表情,通过仿生代理与人进行智能和自然的交流。在多模人机交互中,人脸表情也扮演着十分重要的角色。人脸表情的研究可以追溯到19世纪,生物学家达尔文在《人类和动物的表情》一书中,对人类的面部表情与动物的面部表情进行了研究和比较。另有心理学家指出,在人们的交流中,只有7%的信息通过语言来传递,而通过面部表情传递的信息量却达到了55%。

(2)语音情感交互

语音是人类进行交流的最直接和最方便的方式,在语音中不仅有语义信息,还包含丰富的情感信息。语音中的情感信息可以影响人们的交流状态。例如,说话的人在用不同情感表达语句时,听者会有不同的反应,"听话听音"就是这个道理。语音能够表达情感的原因是其中包含能体现情感特征的参数。通过分析语音情感信息识别人的情感,是实现和谐人机情感交互的重要环节。

(3)肢体行为情感交互

肢体行为可以传达人的情感,因此也可以将其称为肢体语言。肢体语言源于生活,如点头、摇头、眼神、手势、身体其他部分的动作等。例如:点头表示人对某事件的赞同;摇头表示人对某事件的反对;身体某一部位不停地摆动则反映情绪紧张。人伤心时除满脸愁容外,还会配以捶胸顿足等动作;高兴时会喜笑颜开,手舞足蹈;害怕时,除了露出害怕的表情外,还会有畏首畏尾、缩手缩脚和逃避等动作;愤怒时,除了满脸怒气外,还会有挥拳等动作。总之,肢体的各种动作都是情感的自然流露。相对于人脸表情和语音情感的变化,肢体行为变化的规律性较难获取,但由于人的肢体行为变化会使表述更加生动,人们依然对其给予了强烈的关注。

肢体行为不仅可以由物理上的时间、空间、加速度等维度描述,还可以由心理学范畴的维度描述。当计算机能够理解和表达适当的非语言交流行为时,人们就会认为它是类人的。人体肢体行为的情感理解与表达也是人机情感交互的一个重要方面。

(4)生理信号情感识别

人的情绪、情感与生理信号之间存在一定关联。任何一种情感状态都可能伴随几种生理或行为特征的变化;而某些生理或行为特征也可能起因于数种情感状态。生理变化由人的自主神经系统和内分泌系统支配,很少受人的主观控制,因而应用生理信号(如血压、脉搏、皮肤电阻、血氧饱和度、心率、呼吸、掌汗、脑电图、心电图、瞳孔直径等)进行情感识别具有客观性。生理信号需要通过特殊的测量仪器才能检测出来。通过分析生理信号,可以识别出人内在的情感和情绪。国外学者通过可穿戴计算机测量人的生理信息,具有客观性的生理信号会对人机情感交互产生积极的影响。生理信号的情感识别近年来在国外引起了众多情感计算研究者的兴趣,但是在国内尚处于起步阶段。

(5)文本信息中的情感

语言是人类思维的载体,是人际交流的重要工具,同时也是人们生活中不可缺少的部分。在信息化社会中,语言信息处理的技术水平和每年所处理的信息总量已成为衡量一个国家现代化水平的重要标志之一。自然语言是人类特有的交流手段之一,其中包含了大量的情感信息。随着互联网、移动通信网的飞速发展,人们对人机交互技术提出了更高的要求。新一代的人机交互技术需要考虑在不同设备、不同网络、不同平台之间的无缝过渡和拓展,支持人们通过跨地域的有线网与无线网、电信网与互联网等在世界的任何地方进行交互。文本信息已经成为人类在各网络之间最常用的交互方式之一,研究文本中蕴含的情感信息已成为人机交互领域的研究热点。

(6)情感仿生代理

随着人机交互技术的发展,多模界面在国内外受到高度重视。在多模界面中,人可以通过表情、语音、眼神、肢体动作等与计算机进行交互,但是计算机没有人脸和躯体,无法完成上述工作。目前的解决办法是借助仿生代理来实现人与计算机的自然交互。仿生代理是计算机生成的图形实体,用来模拟现实世界中的人或其他生命体的行为和动作,如图 3-11 所示。

图 3-11 仿生代理

仿生代理具有人脸和躯体,并能通过多种方式与人进行信息传递。仿生代理将计算机发展为栩栩如生的智能体,具有很强的表现力和亲和力。智能情感仿生代理有着广阔的应用前景,其具有感染力的交互能力能够吸引广大用户,并将弥补非情感交互方式的不足,使人机交互更加自然与和谐。

(7)多模情感人机交互

人与人交流时是通过表情、语音、眼神、肢体动作等多种形式进行的。若使计算机也能像人一样与人类进行自然、生动的交流,则必须实现多模人机情感交互,如图 3-12 所示。仿生代理通过表情识别、语音识别、文本识别、肢体动作识别等智能地感知用户的情感,同时仿生代理可以通过表情生成、情感语音合成向用户表达自身的情感,从而实现人机交互模式由被动交互到主动交互的转变,最终实现人与计算机之间自然、亲切和生动的交互。

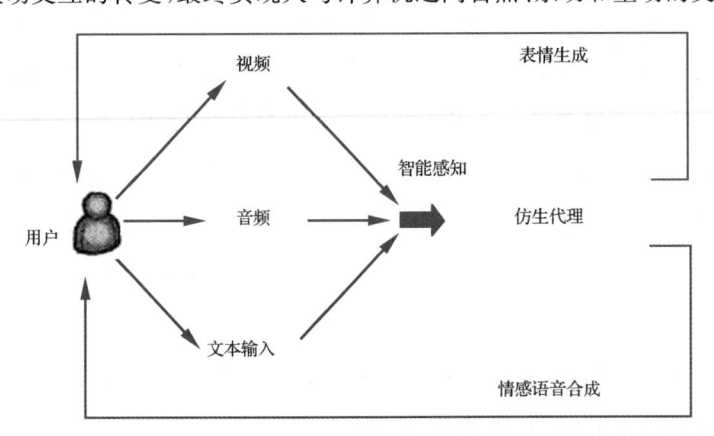

图 3-12 多模人机交互

第三节　通信/接口

　　机器人各个系统之间的信息交流、功能配合都是通过总线来传输的。总线在通常的学科教育中，与计算机专业是紧密联系的。总线技术与通信技术在机器人中起重要作用，能让不同的系统之间实现正确连接和可靠通信。通信技术在物理层面上，通常分为有线通信与无线通信两种。其中无线通信较为复杂，涉及多学科的知识，所以本节主要以基础知识为主。

一、总线

　　从模块化的观点看，计算机系统是由若干系统模块，如主机板（包括中央处理器CPU、存储器、中断控制器等部件）、输入/输出接口卡、外部设备等组成的。所谓总线，是指一束公用信号线的集合。总线定义了各引线的信号、时序、电气和机械特性，为计算机系统内部各部件、各模块之间或计算机各系统之间提供了标准的公共信息通路。总线技术包括通道控制功能、使用方法、仲裁方法和传输方式等。任何系统的研制和外围模块的开发都必须服从相关的总线标准。总线的标准、结构不同，性能差异很大。本节主要介绍过程计算机控制系统中常用的总线的概念、分类、模块化结构和体系结构。

1. 总线的概念

　　计算机各模块之间需要大量而高速地交换信息，实现其总体功能。如 CPU 要从存储器读取指令、数据，向存储器写入运算结果，从设备控制器读取状态信息以了解设备工作的现状，将命令写入设备控制器以启动和控制设备工作；磁盘存储器要和内存交换大量的数据等。在计算机工业发展的早期，为达到信息交换的目的，需要在交换信息的所有模块之间建立点到点的直接联系。这种连接方式虽然能直接传送信息，但模块之间相互关系太多，特别是 CPU，若连接线两两相连，将密如蛛网。为此，系统设计者提出"总线"的连接方法。20 世纪 60 年代在 PDP-11 计算机的 UniBus 设计中取得成功后，在 70 年代微处理器设计和微型计算机的高速发展中，总线已成为普遍采用的连接方法。下面用一个简单的例子来说明计算机系统采用总线结构的优点。

　　假设有 6 个元件，每两个元件之间必须用 6 条线互连才能正常工作。如果采用两两元件相连的全连通法，则共需连线总数 N_c 为

$$N_c = 6 \times C_6^2 = 6 \times 6 \times 5/2 = 90$$

若改用图 3-13 所示的连接方式,即用 6 条线作为公用线,每个元件经过 6 个开关连接到这 6 条公用线上,则可在减少连线的同时,使结构间的逻辑关系清晰。设图中 1♯元件需要与 4♯元件交换信息,只要把 1♯元件对应的 6 个开关和 4♯元件对应的 6 个开关闭合,其他开关均断开,1♯与 4♯元件间便建立了信息传输通路。若将这 6 条公用线理解为总线,则这 6 个一组的开关称为总线接口,总线与总线接口称为总线结构。

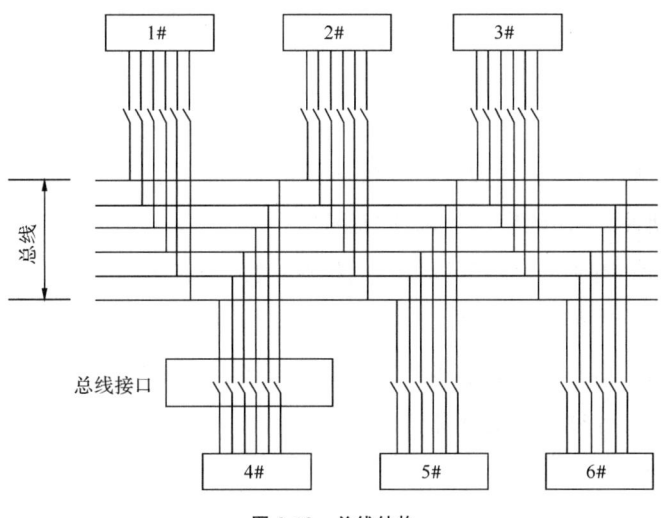

图 3-13 总线结构

设一台计算机有 q 个模块,每两个模块间的连线数为 p,若全连通结构所用连线数用 N_c 表示,总线结构所用连线数用 N_z 表示,则有

$$N_c = p\mathrm{C}_q^2 = \frac{pq(q-1)}{2}, \quad N_z = pq + p = p(q+1)$$

于是

$$\frac{N_c}{N_z} = \frac{q(q-1)}{2(q+1)}$$

当 $q \gg 1$ 时

$$\frac{N_c}{N_z} \approx \frac{q}{2}$$

因此,采用总线结构可以减少模块间的连线数,使结构变得清晰、规范,易于查找故障,便于安装和维护。

现代计算机系统采用由大规模集成电路(LSI)芯片为核心构成的板级插件,多个不同功能的插件板与主机板共同构成一个系统。如 IBM PC 系列计算机由主机板、打印卡、显示卡、磁盘卡等插件构成。构成系统的各类插件以及插件板上 LSI 芯片间的连接与通信是通过总线系统来完成的。因此,总线系统能提供通用的电平信号以实现各种电路信号传递的标准化电路,以及接口信号的标准和协议。现代计算机系统采用总线接口方式。仍以 IBM PC 系列计算机为例,外设一般通过适配器与 CPU 连接。实现这种连接的电路是 I/O 通道,I/O 通道以插座形式固定在系统板上,外设与 CPU 间的信息交换通过分布在 I/O 通道上的总线信号实现。PC 总线信号共 62 个,与通道插座引脚一一对应。I/O 通道不仅为总线系统提供通路,还对信号进行隔离及加电,以提高总线驱动能力。不同功能的符合 IBM PC 总线标准的插件板,都可以插入 I/O 通道插槽中,作为系统的扩充部分,增强了系统配置的灵活性。

采用总线结构的优点如下:

(1)使结构由面向 CPU 变为面向总线,简化了系统结构。

(2)可做到硬件、软件的模块化设计与生产。

(3)系统结构清晰明了,便于灵活组态、扩充、改进与升级。

(4)符合同一总线标准的产品兼容性强。

(5)用户可以根据自己的需求将不同生产厂家生产的模块或模板方便地用标准总线连接起来,构成满足各种用途的计算机应用系统。

2.总线的分类

(1)根据总线的功能和应用场合分

总线的种类很多,根据总线的功能和应用场合,总线可分为内部总线和外部总线。

①内部总线

内部总线又称为系统总线。通常所说的不同标准的计算机总线就是指此类总线,它用于计算机内部模块(板)之间的通信。在工业过程控制计算机中常用的总线有 PC 总线、STD 总线、VME 总线、MULTIBUS 总线等。尽管不同总线的标准不同,但按其功能分,均可分为数据总线 D、地址总线 A、控制总线 C 和电源总线 P 四组,计算机借助于这四组总线实现各个模块间的数据、地址和控制信息的传送,如图 3-14 所示。

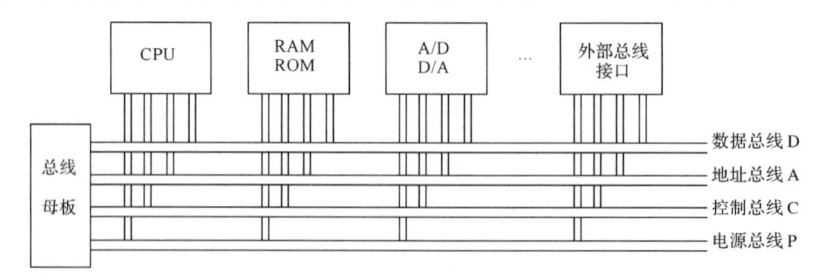

图 3-14 内部总线的结构

- 数据总线 D 用于传送数据信息。所有需要传送数据的模块均挂接到总线上,总线的条数(总线宽度)多由 CPU 的字长决定(有些机器总线宽度与字长不一致,如 Pentium

CPU 字长为 32 位，但所用数据总线宽度为 64 位）。一个 16 位的 CPU 一次能传输或运算 16 位的二进制数据，其寄存器也多是 16 位的，因此需要 16 条数据总线，记作 DB0～DB15。CPU 通过数据总线对存储器或外部设备"读"或"写"数据，因此数据总线是双向并行传输的。

● 地址总线 A 用于传递地址信息。在单处理器系统中，地址信息由 CPU 发出，对存储器单元或 I/O 端口进行寻址，因此地址总线是单向并行传输的。地址总线的条数与数据线的条数不一定相等，其数目决定 CPU 能直接寻址的范围。如 16 条地址总线（记作 A0～A15）的 CPU 直接寻址范围为 $2^{16}=65\,536$，即 64 KB。

● 控制总线 C 包括控制、时序和中断信号线，用于传送各种控制信号，如存储器读写、I/O 读写等。不同类型机器中的控制信号不同，因此控制总线决定系统总线的功能和适应性。

● 电源总线 P 用于向系统提供电源。电源总线和地线的数量取决于电源的种类和地线的分布和用法。

除了上述四类总线外，还有备用线（供用户将来扩充功能或用于特殊的目的），其数量在不同的总线标准中是不同的。内部总线标准的机械要素包括模板尺寸、接插件尺寸和针数，电气要素包括信号的电平和时序。

② 外部总线

外部总线又称为通信总线，完成计算机系统之间或计算机与设备之间的通信任务，如 IEEE-488 总线、RS-232 总线和 RS-485 总线等。外部总线标准的机械要素包括接插件和电缆线型号，电气要素包括发送与接收信号的电平和时序，功能要素包括发送和接收、双方的管理能力、控制功能和编码规则（ASCII 码、二进制码等）。

(2) 根据总线的结构分

根据总线的结构分，总线可分为并行总线和串行总线两类。

① 并行总线

如果每个信号都有自己的信号线，一组信号并行输出，这样的总线称为并行总线。并行总线的信号线各自独立，信号传输快，接口简单，缺点是电缆线数多。

② 串行总线

如果所有信号复用一对信号线，并依次按顺序串行输出，则称为串行总线。串行总线电缆线数少，便于远距离传送，缺点是信号传输慢，接口复杂。

内部总线通常都是并行总线，外部总线分为并行总线和串行总线两种，如 IEEE-488 总线为并行总线，RS-485 总线为串行总线。

3. 总线的模板化结构

总线的模板化结构是指为增加计算机系统的通用性、灵活性和扩展性,将计算机系统的各个部件按通用功能划分,并按总线标准设计成由总线连接的模板结构。工业过程计算机控制系统中常用的通用功能模板有 CPU 主板、RAM/ROM 存储板、A/D 转换板、D/A 转换板、DI 数字输入板、DO 数字输出板、PIO 并行输入/输出板、SIO 串行输入/输出板等。

用于工业过程控制的计算机要面向不同行业的生产过程,由于其生产过程的机理、原料、产品、工艺设备等不同,对计算机系统的配置要求也各不相同。但若采用符合某种总线标准的通用功能模板,用户可以通过对模板的品种和数量进行选择与组合,配置满足不同生产过程控制需要的计算机系统。如果生产过程要扩大规模或改进工艺,要求计算机系统的配置和功能做相应改变,也因为模板化结构的开放性而容易实现。所以总线的模板化结构提高了系统的通用性、灵活性和扩展性。

模板化结构还为系统的维修提供了方便,这对工业过程控制是十分重要的。由于各模板的功能比较单一,一旦出现故障,容易发现故障的模板,并在有备用模板的情况下,可以将故障模板替换下来,使系统恢复正常工作。又由于模板的总线端加了驱动和隔离装置,故障不会扩散到系统的其他模板上。因此,模板化结构提高了系统的可靠性和可维护性。

为了提高模板的可靠性,便于故障的诊断与维修,模板的设计一般按照功能模块合理地进行布局。如总线缓冲模块接近总线插脚端,功能模块在中央,I/O 接口模块靠近引线连接器等。对于没有 I/O 引线连接器的模板,如 CPU、RAM/ROM 等,这些位置都用作功能模块。这样的功能分布使模板内信号流向几乎呈直线,形成了最短传输途径,减小了分布参数影响,降低了信号线间的干扰。

4. 总线的体系结构

在计算机系统中,可以控制总线并启动数据传送的模块称为主控模块或主模块;能够响应总线主模块发出命令的模块称为受控模块或从模块。微处理器技术的发展与普及,让 I/O 接口设计向智能化方向发展,实现以微处理器为核心的智能卡,能够独自占用和管理总线成为主控模块。这些主控模块不允许其他主控模块(包括 CPU)侵犯它对总线的控制权。通常,CPU 为主模块,存储器为从模块,I/O 模块可以为主模块或从模块。

在具有多主控模块的系统下,总线应作为一种系统资源为所有主控模块共享。在一个多处理机系统中,任何一个处理机都可以独立地对总线和其他资源进行锁定,以实现多处理机的互相访问。具备这些特点的总线与 CPU 毫不相关,是由总线本身定义地址空间和数据的。

二 通信

1. 通信概述

通信的目的是传递消息中所包含的信息。消息是物质或精神状态的一种反映,在不同时期具有不同的表现形式。例如,话音、文字、音乐、数据、图片或活动图像等都是消息。人们接收消息,关心的是消息中所包含的有效内容,即信息。通信是进行信息的时空转移,即把消息从一方传送到另一方。基于这种认识,"通信"也就是"信息传输"或"消息传输"。

实现通信的方式和手段很多,如手势、语言、旌旗、消息树、烽火台和击鼓传令,以及现代社会的电报、电话、广播、电视、遥控、遥测、因特网、数据和计算机通信等,这些都是消息传递的方式和信息交流的手段。

1837年,莫尔斯发明的有线电报开创了利用电传递信息(电信)的新时代;1876年,贝尔发明的电话已成为人们日常生活中通信的主要工具;1918年,调幅无线电广播、超外差式调幅接收机问世;1936年,商业电视广播开播;……伴随着人类的文明、社会的进步和科学技术的发展,电信技术也以一日千里的速度飞速发展。电信技术的不断进步导致人们对通信的质与量提出了更高的要求,这种要求反过来又促进了电信技术的完善和发展。如今,在自然科学领域涉及"通信"这一术语时,一般是指"电通信"。广义来讲,光通信也属于电通信,因为光也是一种电磁波。本书中所讲的通信均指电通信。

在通信系统中,消息的传递是通过电信号来实现的。例如,莫尔斯电报是利用金属线连接的发报机和收报机,用点、画和空格的形式传送信息。由于通信方式具有迅速、准确、可靠且不受时间、地点、距离限制的特点,通信技术得到了飞速的发展和广泛的应用。包括话音、数据和视频传输在内的个人通信业务的出现和应用,通信卫星和光纤网络正为全世界提供高速通信业务。

2. 通信系统的模型

通信的目的是传输信息。通信系统的作用就是将信息从信源发送到一个或多个目的地。对于通信来说,首先要把消息转变成电信号,然后经过发送设备将电信号送入信道,在接收端利用接收设备对接收的电信号进行相应的处理后,送给信宿再转换为原来的消息。这个过程可用图3-15所示的通信系统的一般模型来概括。

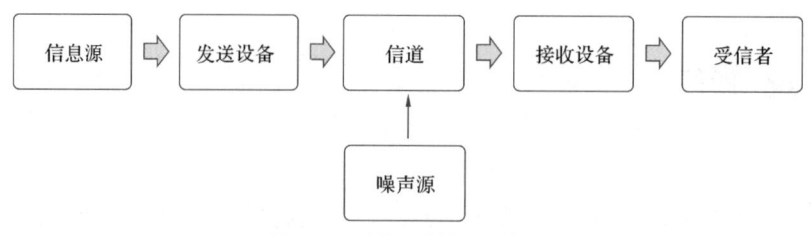

图 3-15 通信系统的一般模型

(1) 信息源

信息源简称信源,其作用是把消息转换成原始信号。根据消息的种类不同,信源可分为模拟信源和数字信源。模拟信源输出连续的模拟信号,如话筒(音频信号)、摄像机(视频信号);数字信源则输出离散的数字信号,如电传机(数字信号)、计算机等数字终端。模拟信源送出的信号经数字化处理后也可送出数字信号。

(2) 发送设备

发送设备的作用是产生适合于在信道中传输的信号,即使发送信号的特性和信道特性相匹配,具有抗信道干扰的能力和足够大的功率,以满足远距离传输的需要。发送设备包含变换、放大、滤波、编码、调制等过程。对于多路传输系统,发送设备中还包括多路复用器。

(3) 信道

信道是一种物理媒质,用于将来自发送设备的信号传送到接收设备。在无线信道中,信道为自由空间;在有线信道中,信道为明线、电缆和光纤。无线信道和有线信道均有多种物理媒质。信道既给信号以通路,也会对信号产生干扰和噪声。信道的固有特性和引入的干扰与噪声直接关系通信的质量。

图 3-15 所示的噪声源是信道中的噪声及分散在通信系统其他各处的噪声的集中表示。噪声通常是随机的,形式是多样的,它的出现干扰了正常信号的传输。

(4) 接收设备

接收设备的功能是将信号放大和反变换(如译码、解调等),其目的是从受到减损的接收设备中正确恢复出原始信号。对于多路复用信号,接收设备中还包括解除多路复用,实现正确分路的功能。此外,接收设备还要尽可能减小传输过程中噪声与干扰所带来的影响。

(5) 受信者

受信者简称信宿,是传送消息的目的地,其功能与信源相反,即把原始信号还原成相应的消息,如扬声器等。

图 3-15 概括地描述了一个通信系统的组成,反映了通信系统的共性。根据研究的对

象以及所关注问题的不同,图3-15中的各方框的内容和作用将有所不同,因而形成不同形式、更具体的通信模型。

3.模拟通信系统模型和数字通信系统模型

通信传输的消息是多种多样的,如符号、语音、文字、数据、图像等。消息可以分为两大类:一类为连续消息;另一类为离散消息。连续消息是指消息的状态连续变化或是不可数的,如连续变化的语音、图像等;离散消息是指消息的状态是可数的或离散的,如符号、数据等。

消息的传递是通过其物理载体——信号来实现的,即把消息寄托在信号的某一参量上(如连续波的幅度、频率或相位,脉冲波的幅度、宽度或位置)。按信号参量的取值方式不同,可把信号分为两类:模拟信号和数字信号。如果信号的参量取值连续(不可数、无穷多),则称为模拟信号。例如,话筒送出的输出电压包含语音信息,并在一定的取值范围内连续变化。模拟信号也称连续信号,这里的连续是指信号的某一参量连续变化,或在某一取值范围内可以取无穷多个值,而不一定在时间上也连续,如图3-16(b)所示的抽样信号。

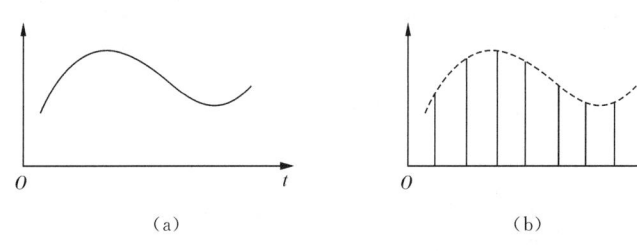

图3-16 模拟信号

如果信号的参量仅能取有限个值,则该信号称为数字信号。如电报信号、计算机输入/输出信号、PCM信号灯。数字信号也称离散信号,离散是指信号的某一参量是离散变化的,而不一定在时间上也离散,如图3-17(a)所示的二进制数字调相(2FSK)信号。

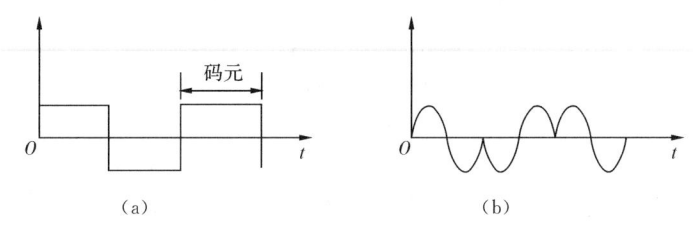

图3-17 数字信号

按照信道中传输的信号种类不同,通信系统可分为模拟通信系统和数字通信系统。

(1)模拟通信系统模型

模拟通信系统是利用模拟信号来传递信息的通信系统,其模型如图3-18所示。模拟通信系统包含两种变换。第一种变换是在发送端把连续消息变换成原始信号,在接收端进行相反的变换,这种变换由模拟信息源和受信者来完成。原始信号通常称为基带信号,基带是指信号的频谱从零频附近开始,图像信号的频率范围为 0~6M Hz,语音信号的频率范围为 300~3 400 Hz。有些信道可以直接传输基带信号,而以自由空间作为信道的无线电传输却无法直接传输这些信号。因此,模拟通信系统中常需要进行第二种变换:把基带信号变换成适合在信道中传输的信号,并在接收端进行反变换。完成变换和反变换的通带是调制器和解调器。经过调制以后的信号称为已调信号,它有两个特征:携带信息,适合在信道中传输。由于已调信号的频谱通常有带通形式,因此已调信号又称带通频带信号。

图 3-18 模拟通信系统模型

除了上述两种变换外,通信系统中还有滤波、放大、天线辐射等过程。由于上述两种变换起主要作用,而其他过程不会使信号发生质的变化,只是对信号进行放大和改善信号特性等,在通信系统模型中一般被认为是理想的而不予讨论。

(2)数字通信系统模型

数字通信系统是指利用数字信号来传递信息的通信系统,如图 3-19 所示。数字通信涉及的技术问题很多,主要有信源编码与译码、信道编码与译码、数字调制与解调、加密与解密等。

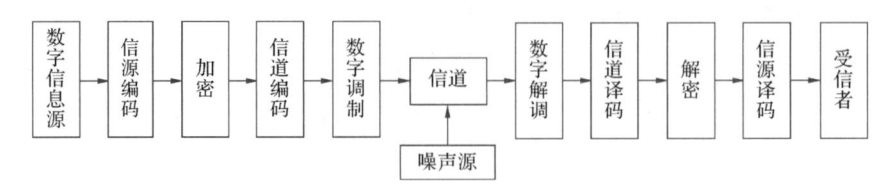

图 3-19 数字通信系统模型

① 信源编码与译码

信源编码有两个基本功能:一是提高信息传输的有效性,即利用数据压缩技术减少码元数量和降低码元速率。码元速率决定传输所占的带宽,而传输带宽反映了通信的有效性。二是完成模/数(A/D)转换,即当信息源给出的是模拟信号时,信源编码器将其转换成数字信号,以实现模拟信号的数字化传输。信源译码是信源编码的逆过程。

②信道编码与译码

信道编码的目的是提高数字信号的抗干扰能力。数字信号在信道传输时受噪声等影响后会引起差错。为了减少差错,信道编码对传输的信息码元按一定的规则加入保护成分(监督元),组成"抗干扰编码"。接收端的信道译码按相应的逆规则进行解码,从中发现错误或纠正错误,从而提高通信系统的可靠性。

③数字调制与解调

数字调制是指将数字基带信号的频谱搬移到高频处,形成适合在信道中传输的带通信号。基本的数字调制方式有振幅键控(ASK)、频移键控(FSK)、绝对相移键控(PSK)、相对(差分)相移键控(DPSK)。在接收端可以通过相干解调或非相干解调来还原数字基带信号。对高斯噪声下的信号检测,一般用相关器或匹配滤波器来实现。

④加密与解密

在需要保密通信的场合,为了保证所传信息的安全,人为地将被传输的数字序列扰乱,即加上密码,这种处理过程称为加密。在接收端利用与发送端相同的密码复制品对收到的数字序列进行解密,恢复原来信息。

⑤同步

同步是使收、发两端的信号在时间上保持步调一致,保证数字通信系统有序、准确、可靠工作的前提条件。按照功用不同,同步分为载波同步、位同步、群(帧)同步和网同步。

需要说明的是,图 3-19 是数字通信系统的一般模型,实际的数字通信系统不一定包括图中的所有环节,例如,在数字基带传输系统中,不需要调制和解调;有的环节,由于分散在各处,图 3-19 中也没有画出,例如同步。

此外,模拟信号经过数字编码后可以在数字通信系统中传输,数字电话系统是以数字方式传输模拟语音信号的。数字信号也可以通过传统的电话网来传输,但需要使用调制、解调器。

4.数字通信的特点

目前,无论是模拟通信还是数字通信,在不同的通信业务中都得到了广泛应用。但是,数字通信的发展速度已明显超过模拟通信,成为当代通信技术的主流。与模拟通信相比,数字通信具有以下优点:

(1)抗干扰能力强,噪声不积累。数字通信系统中传输的是离散取值的数字波形,接收端的目标不是精确地还原被传输的波形,而是从受到噪声干扰的信号中判断发送端所发送的波形。以二进制为例,信号的取值只有两个,这时只要求在接收端能正确判断发送的是两个状态中的哪一个即可。在远距离传输时,如微波中继通信,各中继站可利用数字通信特有的抽样判断再生的接收方式,使数字信号再生且噪声不积累。而模拟通信系统中传输的是连续变化的模拟信号,它要求接收机能够高度保真地重现原信号波形,一旦信号叠加上噪声后,即使噪声很小,也很难消除它。

(2)传输差错可控。在数字通信系统中,可通过信道编码技术进行检错与纠错,降低误码率,提高传输质量。

(3)便于用现代数字信号处理技术对数字信息进行处理、变换、存储。这种数字处理的灵活性表现为可以将来自不同信源的信号综合到一起传输。

(4)易于集成,使通信设备微型化,质量轻。

(5)易于加密处理,且保密性好。

数字通信的缺点如下:

(1)需要较大的传输带宽。以电话为例,一路模拟电话通常只占据 4 kHz 的带宽,但一路接近同样话音质量的数字电话可能要占据 20~60 kHz 的带宽。

(2)由于数字通信对同步要求高,因而系统设备复杂。但是,随着微电子技术、计算机技术的广泛应用以及超大规模集成电路的出现,数字系统的设备复杂程度大大降低。同时,高效的数据压缩技术以及光纤等大容量传输媒质的使用正使带宽问题逐步得到解决。因此,数字通信的应用会越来越广泛。

5.通信系统的分类

(1)按通信业务分类

按通信业务的类型不同,通信系统可分为电报通信系统、电话通信系统、数据通信系统和图像通信系统等。由于电话通信网最为发达普及,因而其他一些通信业务也常通过公用电话通信网传输,如电报通信和远距离数据通信都可通过电话信道传输。综合业务数字通信网适用于各种类型业务的消息传输。

(2)按调制方式分类

按信道中传输的信号是否经过调制,通信系统可分为基带传输系统和带通(频带或调制)传输系统。基带传输是将未经调制的信号直接传送的,如市内电话、有线广播。带通传输是对各种信号调制后传输的总称。调制方式有很多,表3-3列出了常见的调制方式及用途。

表 3-3　　　　　　　　　　　　　常见的调制方式及用途

调制方式			用途举例
连续波调制	线性调制	常规双边带调幅 AM	广播
		双边带调幅 DSB	立体声广播
		单边带调幅 SSB	载波通信、无线电台、数据传输
		残留边带调幅 VSB	电视广播、数据传输、传真
	非线性调制	频率调制 FM	微波中继、卫星通信、广播
		相位调制 PM	中间调制方式
	数字调制	振幅键控 ASK	数据传输
		频移键控 FSK	数据传输
		相移键控 PSK、DPSK、QPSK	数据传输、数字微波、空间通信
		其他高效数字调制 QAM、MSK	数字微波、空间通信
脉冲调制	脉冲模拟调制	脉幅调制 PAM	中间调制方式、遥测
		脉宽调制 PDM(PWM)	中间调制方式
		脉位调制 PPM	遥测、光纤传输
	脉冲数字调制	脉码调制 PCM	市内电话、卫星、空间通信
		增量调制 DM(ΔM)	军用、民用数字电话
		差分脉码调制 DPCM	电视电话、图像编码
		其他话音编码方式 ADPCM	中速数字电话

（3）按信号特征分类

按信道中所传输的信号特征来分，通信系统可分为模拟通信系统和数字通信系统。

（4）按传输媒质分类

按传输媒质来分，通信系统可分为有线通信系统和无线通信系统两大类。有线通信是指用导线（如架空明线、同轴电缆、光导纤维、波导等）作为传输媒质来完成通信的，如市内电话、有线电视、海底电缆通信等。无线通信是指依靠电磁波在空间传播来达到传递消息的目的，如短波电离层传播、微波视距传播、卫星中继等。

（5）按工作波段分类

按通信设备的工作频率或波长不同来分，通信可分为长波通信、中波通信、短波通信和远红外线通信等。表 3-4 列出了频段划分及典型应用。

工作波长和工作频率的换算公式为

$$\lambda = \frac{c}{f} = \frac{3\times 10^8}{f}$$

式中 λ ——工作波长,m;
　　　f ——工作频率,Hz;
　　　c ——光速,m/s。

表 3-4　　　　　　　　　　　频段划分及典型应用

频率范围/Hz	名称	用途举例
3～30	极低频(ELF)	远程导航、水下通信
30～300	超低频(SLF)	水下通信
300～3 000	特低频(ULF)	远程通信
3k～30k	甚低频(VLF)	远程导航、水下通信、声呐
30k～300k	低频(LF)	导航、水下通信、无线电信标
300k～3 000k	中频(MF)	广播、海事通信、测向、遇险求救、海岸警卫
3M～30M	高频(HF)	远程广播、电报、电话、传真、搜寻救生、飞机与船只通信、船岸通信、业余无线电
30M～300M	甚高频(VHF)	电视、调频广播、陆地交通、空中交通管制、出租汽车、导航、飞机通信
0.3G～3G	特高频(UHF)	电视、蜂窝网、微波链路、无线电探空仪、导航、卫星通信、GPS、监视雷达、无线电高度计
3G～30G	超高频(SHF)	卫星通信、无线电高度计、微波链路、机载雷达、气象雷达、公用陆地移动通信
30G～300G	极高频(EHF)	雷达着陆系统、卫星通信、移动通信、铁路业务
300G～3T	亚毫米波(0.1～1 mm)	未划分,实验用
43T～430T	红外线(0.7～7 μm)	光通信系统
430T～750T	可见光(0.4～0.7 μm)	光通信系统
750T～3 000T	紫外线(0.1～0.4 μm)	光通信系统

注:1 kHz=10^3 Hz,1 MHz=10^6 Hz,1 GHz=10^9 Hz,1 THz=10^{12} Hz,1 mm=10^{-3} m,1 μm=10^{-6} m

(6)按信号复用方式分类

传输多路信号有三种复用方式:频分复用、时分复用和码分复用。频分复用是用频谱搬移的方法使不同信号占据不同的频率范围;时分复用是用脉冲调制的方法使不同信号占据不同的时间区间;码分复用是用正交的脉冲序列分别携带不同信号。传统的模拟通信中常用频分复用,随着数字通信的发展,时分复用的应用越来越广泛,码分复用多用于空间通信的扩频通信和移动通信系统中。

6.通信方式

通信方式是指通信双方之间的工作方式或信号传输方式。

(1)单工、半双工和全双工通信

对于点与点之间的通信,按消息传递的方向与时间关系,通信方式可分为单工通信、半双工通信和全双工通信。

①单工通信:是指消息只能单方向传输的工作方式,如图 3-20(a)所示。通信的双方中只有一个可以进行发送,另一个只能接收,如广播、遥测、遥控、无线寻呼等。

②半双工通信:是指通信双方都能收发消息,但不能同时进行收和发的工作方式,如图 3-20(b)所示。例如,同一载频的普通对讲机、问询及检索等属于半双工通信方式。

③全双工通信:是指通信双方可同时进行收发消息的工作方式。一般情况下,全双工通信的信道必须是双向信道,如图 3-20(c)所示。电话是全双工通信一个常见的例子,通话的双方可同时进行说和听。计算机之间的高速数据通信也是这种方式。

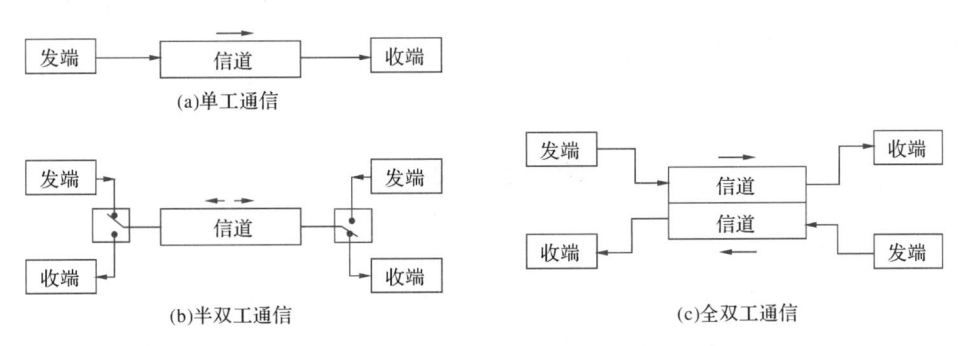

图 3-20 单工、半双工和全双工通信方式

(2)并行传输和串行传输

在数据通信(主要指计算机或其他数字终端设备之间的通信)中,按数据代码排列的方式不同,可分为并行传输和串行传输。

①并行传输:是将代表信息的数字信号码元序列以成组的方式在两条或两条以上的并行信道上同时传输。例如,计算机送出的由"0"和"1"组成的二进制代码序列,可以每组 n 个代码的方式在 n 条并行信道上同时传输。这种方式下,一个分组中的 n 个码元能够在一个时钟节拍内从一个设备传输到另一个设备。例如,8 bit 代码字符可以用 8 条信道并行传输,如图 3-21 所示。

并行传输的优点是速度快、节省传输时间,不需要另外的措施就实现了收、发双方的字符同步。缺点是需要 n 条通信线路,成本高,一般只用于设备之间的近距离通信,如计算机和打印机之间数据的传输。

②串行传输:是将数字信号码元序列以串行方式一个码元接一个码元地在一条信道上传输,如图 3-22 所示。远距离数字传输常采用这种方式。

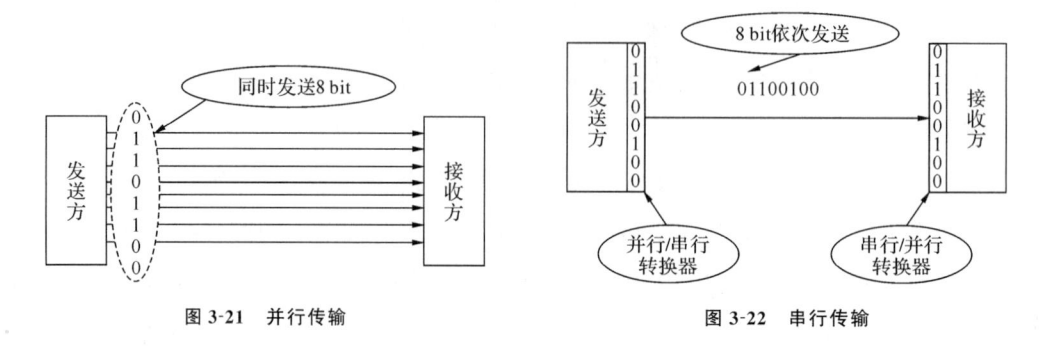

图 3-21 并行传输　　　　图 3-22 串行传输

串行传输的优点是只需要一条通信信道,所需线路的铺设费用为并行传输的 $1/n$。缺点是速度慢,需要外加同步措施以解决收、发双方码组或字符的同步问题。

按同步方式的不同,通信方式可分为同步通信和异步通信;按通信设备与传输线路之间的连接类型,可分为点与点之间通信(专线通信)、点与多点和多点之间通信(网通信);还可以按通信的网络拓扑结构划分。

思 考 题

1. 什么是数字信号?什么是模拟信号?两者的区别是什么?
2. 按调制方式,通信系统如何分类?
3. 按传输信号的特征,通信系统如何分类?
4. 设计人机交互的目的是什么?
5. 在机器人系统中,操作系统起什么作用?
6. 总线的设计是出于什么原因考虑的?

习 题

1. 目前常用的人机交互有哪些？分别有什么优、缺点？
2. 机器人的智慧逻辑系统是怎么分类的？
3. 总线的分类有几种？分别有什么优、缺点？
4. 已知某一设备发出的电磁波信号是 450 MHz，该电磁波的波长是多少？以什么方式进行传播？

模块四 路径规划

学习目标

知识目标：掌握机器人的路径规划原理；了解蚁群算法的基本原理。

能力目标：能运用路径规划的相关知识分析机器人的路径。

素质目标：培养高尚的职业精神，增强自我学习能力和判断力。

第一节 蚁群算法

一 蚁群算法的发展

1989 年，"双桥"实验表明，从蚂蚁的蚁巢到食物目的地的最短路线总是蚂蚁种群的最终选择。意大利学者根据蚂蚁"寻找食物"这一群体活动的现象，提出了有关蚁群算法的基本模型和核心思想。蚁群算法源于蚂蚁寻找食物的活动。蚁群算法的最基本单元是蚂蚁个体本身。蚂蚁拥有的知识来源于其他蚂蚁信息以及对周边的认识，因此，知识的积累是蚂蚁个体的一个动态进程。蚂蚁个体通过随机决策和相互协调自适应地做出并完成自评价，蚁群算法研究的是蚂蚁个体之间的分布性和协作性。蚁群算法具有很强的自学习本领,它可根据情况的改变和已产生的活动对自身的知识库或组织布局进行再组织,进而加强算法求解能力,恰是算法自身学习本领与情况变化的相互作用孕育了这类进化,同时该算法的不可预测性也因环境变化的不确定性与算法机理的复杂性的影响而加强了。

自1991年,Dorigo M等学者提出蚁群算法后的近5年内,该算法在国际学术界并没有引起广泛关注,也没有取得任何突破性进展。直至1996年,Dorigo M等学者在发表的论文中不仅更加详细地说明了蚁群算法的基本原理和数学模型,还将蚁群算法与多种算法进行仿真实验,并进行系统、详细的比较,且对蚁群算法中的初始化参数对其机能评估的影响做了初步探究,这是蚁群算法发展历史上的又一个奠基性作品。大部分已经公开发表的有关蚁群算法的文章将Dorigo M发表的文章当作参考文献。对蚁群算法持续高涨的研究热情,直接导致了首届蚁群算法国际探讨会的召开,这次会议的负责人是蚁群算法的创始人Dorigo M。第一届蚁群算法探讨会吸引了50多位研究蚁群算法的爱好者,随后每三年召开一次蚁群算法国际探讨会。2000年,Dorigo M等学者在学术刊物《Nature》上发表了关于蚁群算法的综述,从而让蚁群算法这一领域的研究成为国际学术界的前沿课题。21世纪,蚁群算法不断地出现颇硕的研究成果,学术刊物多次对这些研究成果进行了特别报道。

现在,蚁群算法已经成为许多学术期刊和会议上的研究热点,受到广大研究者的关注。收敛性是由Gutjahr W J证明的,他所发表的两篇学术论文同样对蚁群算法发展的历史有着独特作用。Gutjahr W J将有向图的行走比作蚁群的这一活动,并从有向图的角度分析,对改进收敛性展开详细的理论分析,证明了在合理充分的假设理想条件下,问题的最优解能被GBAS以一定的概率收敛而得到。

关于蚁群算法的研究,我国起步较晚,从曾经公开发布文章的时间来看,在国内,东北大学的张纪会与徐心和是蚁群算法的先驱研究者。另有蚁群算法研究者发表了"带杂交算子的蚁群算法",并基于Visual Basic开发了一个功能全、界面好的"蚁群算法实验室",受到了业界广大蚁群算法研究者和爱好者的关注。

回首蚁群算法从创立到现在的发展历史,研究者对蚁群算法的研究已由单一的TSP领域拓展到多个领域,由一维静态优化转变到多维动态组合优化,由离散域范围到连续域范围。基于蚁群算法的硬件,也取得了突破性的进展,同时对蚁群算法模型的改进及与其他仿生优化算法的融合也取得了丰富的研究成果,使仿生算法展现出未曾有过的生机,并已经成为一种可媲美遗传算法的仿生优化算法。

二　蚁群算法的基本原理

人们根据大自然中蚂蚁觅食这一行为，模拟出了蚁群算法。蚁群算法具有正反馈、并行性、适应环境的特点。仿生学家从长期的研究中发现，蚂蚁虽然没有视觉，但是它们在移动过程中，会在路上释放一种特别的分泌物（信息素），并依据这种信息素来辨别所要行走的方向。当蚂蚁来到一个未曾走过的路口时，它们会随机选择一条路前进，并在所走的路上释放信息素，该信息素与所走的路段的长度有关，长度越长，信息素的释放量越少。当后来的蚂蚁走到这个交叉路口时，信息素浓度较高的路被选择的可能性较高，正反馈就形成了。此后，最优路段上的信息素就会越来越大，而其他路段上的信息素则会慢慢减小，这样，最优路段就会被整个蚁群发现。由此可见，在寻找路径的整个进程中，虽然单个蚂蚁本身选择路径的能力有限，但是通过所释放的信息素的反馈作用，使得蚁群的群体活动具有很高的自组织性，蚂蚁间通过交换各自路径信息，蚁群最终通过群体的自催化活动找到了最优的路径。

通过模拟蚂蚁的活动而得到的蚁群算法，是以新的计算机模式来引入的，基于以下假设：蚂蚁凭借一种分泌物（信息素）来达到与环境进行交流的目的，每只蚂蚁根据其周边环境做出反应，也只能对其周围的环境有所作用。蚂蚁的内部决定了蚂蚁对环境做出回应。蚂蚁是基因生物体，其自身的行为实际上是基因对环境适应性的表现，是一种反应适应性的生物主体。对个体而言，蚂蚁仅根据自身周边环境做出选择；对群体而言，单只蚂蚁的行为是随机的，但是群体的行为可凭借系统的自组织性来形成高度有序的集体行为。

由此可见，蚁群算法的寻求最优解机制包括两阶段：适应阶段和协作阶段。在适应阶段，解依据堆积的信息来调整自身的结构，在路线上，走的蚂蚁越多，信息素越大，被选择的可能性就越大，经过一段时间，信息素会减小；在协作阶段，解通过信息交流，产生更好的解。

蚁群算法属于智能的、多主体的算法，自组织使蚁群算法简便易用，不需要了解所要求的解的各个方面。自组织属于动态型，在没有外界的干扰时，可使系统熵增加，表现出由无序到有序的变化过程。用规范的格式来使组合优化问题规范化，运用蚁群算法的"探索"和"利用"，依据信息素这一反馈载体确定决策点，同时，按照信息素更新规则对每只蚂蚁的信息素进行增量构建，从整体的角度规划出整个蚁群的动向，反复进行，便可求得最优解。

三、蚁群算法的系统学特征

系统学是一门比较新的学科，其特点是强调整体性。在基础层次，创始人给定的定义是：系统是处于一定关系中，并和环境的各部分组成的综合体。该定义更精确的表述是，如果对象 S 满足以下条件：S 中至少包含两个有区别的对象，S 中的对象按照一定的方式关联在一起，则可以称 S 为一个系统，S 中的个体为系统的元素。

自然界的蚁群恰好具备了系统的三个特征：相关性、多元性和整体性，是一个完整的系统。在这个系统中，多元性体现在每个蚂蚁的活动是系统的组成元素，系统的相关性则体现在蚂蚁个体之间的相互影响关系，系统的完整性由蚁群可完成蚂蚁个体完成不了的工作的现象体现出来，从而显现出系统整体大于部分之和的特性原理。

蚁群算法作为蚂蚁群体寻找食物这一活动的抽象算法，如果将蚁群算法视为一个系统、一个整体，则会发现该算法符合系统的三个基本特征，这是仿生优化算法的重要特征之一。对传统算法而言，如求无约束的解析法，由于算法各部分之和等于最终和，因此不能看作一个系统。而蚁群算法的整体远好于个体之和，无加和性，因此蚁群算法是一个系统。作为系统，它还具备一些更为重要的特征，使其具有更加深刻的研究意义。

自然界的蚁群活动具有分布式特征。当蚁群要完成某项工作时，大部分蚂蚁凭借共同目的来完成工作，不会因为某个蚂蚁的缺失而使整个工作终止。作为蚂蚁觅食行为的抽象算法，蚁群算法也表现出分布式特征。每只人工蚂蚁在空间问题的多个点上，一同构造问题解，而求解过程不会因为某只人工蚂蚁无法获得解而受影响。

自组织也是蚁群算法的重要特征。自组织是随着系统学的发展而建立的，系统学通常分为自组织和他组织。其区别在于组织力或组织指令是源于内部还是外部的，源于内部的为自组织，源于外部的则为他组织。自组织是系统在获得时间上、空间上或者功能上的结构进程中不受外界的特定干预的。

生物体就是典型的自组织系统，蚂蚁、蜜蜂这类昆虫，个体本身作用简单，但是个体之间的协作作用明显，因而将它们视为一个整体来探究，甚至是独立完整的生物体。在这类群落中，个体相互作用，共同完成某项指标的工作，自然就体现出较强的自组织的特殊性质。而从抽象意义上来说，如果没有外界的作用影响，系统熵有所增长的进程就是所谓的自组织。基本的蚁群算法正好体现了这一进程。

自组织使算法的鲁棒性得到了增强，传统算法是针对某一问题设的，这是建立在对该问题有了全面认识的基础上，所以很难适应其他类型的问题；而对自组织的蚁群算法来说,则不需要对所要求的问题的各个方面都要有所了解,所以比较容易适用这一类问题。

控制理论中的另一个重要概念是反馈,反馈是指信息输出受信息输入的影响。系统学认为,反馈是现在的作为对未来的活动起到影响的原因。反馈包括正反馈和负反馈,正反馈是通过现在的活动来加强未来活动的,负反馈则是通过现在的活动去削弱未来活动的。

由真实自然界中蚂蚁寻找食物的活动可知,蚂蚁最终能找到最短路径,是因为在最短路径上的信息素的积累,这是个正反馈进程。对蚁群算法而言,起初蚂蚁在环境中信息素的释放量是相同的,产生了微小扰动后,各边的信息素释放不同,构造的解就存在了好坏之分。蚁群算法采用的反馈方式是在较优解的路段留下更多信息素,吸引更多的蚂蚁,这是正反馈进程,使得初始值不断扩大,同时促使系统向最优解的方向进行。

系统的自组织无法靠单一的正反馈或负反馈来实现。利用正、负两种反馈的结合,以达到系统的自我创造和自我更新的目的。负反馈机制同样存在于蚁群算法中,它主要体现在概率搜索技术,蚁群算法在寻求最优解的进程中会使用概率搜索技术,通过该技术生成解的随机性增大。随机性的影响在于接受一定程度上的退化,使得在一段时间内,搜索范围保持足够大,这样就使正反馈的搜索范围减小,从而保证算法是朝着最优解的方向前进的,而负反馈则使得搜索范围保持不变,避免算法过早收敛于不佳的结果。在增大正、负反馈的共同影响下,蚁群算法可以以自组织形式进化,从而寻得问题在一定方向上的最优解。

由此可知,蚁群算法这类仿生算法体现出许多异于其他常规算法的新思路,这也是基本蚁群算法的研究意义所在。

四 蚁群算法的优点

研究表明,蚁群算法具有较强的能找到更优解的能力,因为该算法不仅具有正反馈,在一定程度上,可加速进化进程,还是并行算法,其优点如下:

1.通用性

蚁群算法可用于解同类型的优化问题,从 TSP 问题到 ATSP,问题只需做直接扩展即可实现。

2.鲁棒性

很小的改动,就可用于解其他组合优化问题。

3.群体性

蚁群算法是一种基于群体的算法,它允许采用正反馈作为搜索机制。

4.并行性

蚁群算法适用于并行操作,在求解大规模优化问题时,可从算法本身的优化出发来提高求解效率,也可按算法的执行模式来进行研究。

第二节 机器人路径规划的蚁群算法设计

一 机器人路径规划

机器人是一种具有高度灵活性的自动化机器,机器具备与人或生物类似的智能能力,如感知能力、规划能力、动作能力和协同能力等。机器人技术是20世纪人类伟大的发明之一,至今已有40余年的发展历史。

机器人路径规划是指机器人按照某一性能指标或者某一要求,寻找一条从初状态到末状态的最优或近似于最优的无碰撞进程的路径,这也是机器人控制及导航的基础。机器人路径规划可分为局部规划和全局规划两类。多个机器人系统是一个分布式系统,该系统结构松散,其优点在于既可以独立工作,又可以根据需要进行协作工作。在未知的任务和环境下,确定任务需要由多个机器人协作完成,这是一个重要而艰巨的问题。

二 蚁群算法的流程设计

如果用森林中的入口、出口表示出发点、目的地,把机器人所经过的路线表示为弧,把森林中的湖、山峰等表示为障碍物,就可以被抽象成一个带权的有向图。给定一个带权的有向图 $G=(V,\{E\})$,其中 V 是包含 n 个节点的节点集,E 是包含 h 条弧的弧集,$<i,j>$ 是 E 中从节点 i 至 j 的弧,是弧 $<i,j>$ 的非负权值。设 s,t 分别为 V 中的出发点和目的地,则路径规划问题就是指在带有权的有向图 G 中,寻找从指定的出发点 s 到目的地 t 的一条具有最小权值的总和的路径。

在给定有 n 个节点森林的路径规划问题中,将指定的出发点 s 假设为人工蚁群(以下简称为蚁群)的巢穴,把目的地 t 假设为要寻找的食物源,则路径规划问题可以转化为蚁群寻找食物的寻优路径问题。假设给定的人工蚂蚁(以下简称为蚂蚁)的数量为 m 只,则每只蚂蚁的活动需要符合以下规则:

(1)蚂蚁能够释放两类信息素:"食物"类信息素与"巢穴"类信息素。

(2)根据当前节点信息素的浓度和路径长度,随机选取下一个节点。

(3)蚂蚁走过的路径不再选择,且不会作为下一个节点,可通过结构数组功能来实现。

(4)蚂蚁在觅食时,通过释放的"食物"类信息素来寻找下一个节点,同时释放"巢穴"类信息素。

(5)在寻找巢穴时,通过释放的"巢穴"类信息素来寻找下一个节点,同时释放"食物"类信息素。

(6)根据所走路径的距离来释放所对应的信息素的浓度,信息素的释放会随时间逐渐减少。

用 $\tau_{ij}(t)$ 表示 t 时刻路径 (i,j) 上所积累的信息素的浓度,则 $t+1$ 时刻所积累的信息素的浓度为:

$$\tau_{ij}(t+1)=(1-\rho)\cdot\tau_{ij}(t)+\Delta\tau_{ij}(t)$$

$$\Delta\tau_{ij}(t)=\sum_{k=1}^{m}\Delta\tau_{ij}^{k}(t)$$

式中 ρ ——信息素的挥发系数;

$1-\rho$ ——信息素的残留因子;

$\Delta\tau_{ij}(t)$ ——信息素在此次循环中路径 (i,j) 上的增量,初始时刻为 0;

$\Delta\tau_{ij}^{k}(t)$ ——第 k 只蚂蚁此次在路径 (i,j) 上释放出的信息素的浓度。

这里采用 ant-quantity(蚁量)模型来实现算法,若在 t 和 $t+1$ 之间,第 k 只蚂蚁经过路径 (i,j),则

$$\Delta\tau_{ij}^{k}(t)=\frac{Q}{d_{ij}}$$

式中 Q ——常量,表示每只蚂蚁所释放出的信息素总量;

d_{ij} ——节点 i 与节点 j 之间的距离。

t 时刻位于节点 i 上的蚂蚁 k 选取节点 j 为下一个目标节点的转移概率为

$$p_{ij}^{k}(t)=\begin{cases}\dfrac{[\tau_{ij}(t)]^{\alpha}\cdot[\eta_{ij}(t)]^{\beta}}{\sum\limits_{s\in allowed_{k}}[\tau_{is}(t)]^{\alpha}\cdot[\eta_{is}(t)]^{\beta}}, & \text{若 } j\in allowed_{k}\\ 0, & \text{否则}\end{cases}$$

式中　$allowed_k$——蚂蚁 k 下一步允许选择的节点的合集；

　　　α——信息启发式因子，表示轨迹的重要性；

　　　β——期望启发式因子，表示能见度的重要性；

　　　$\eta_{ij}(t)$——启发函数，计算公式为 $\eta_{ij}(t)=\dfrac{1}{d_{ij}}$，其中 d_{ij} 为相邻两个节点之间的距离。

对蚂蚁 k 而言，d_{ij} 越小，$\eta_{ij}(t)$ 则越大，$p_{ij}^k(t)$ 也就越大。

参数的最佳数值由实验来决定。求解步骤如下：

（1）在初始时刻，蚂蚁种群产生移动路径。

（2）调整信息素。对所产生的可移动路径，计算路径长度及其对应信息素的变量，利用信息素更新公式，对路线上的各个点所对应的信息素进行更新。

（3）对产生的可行路径进行修正处理。将蚂蚁经过的弯曲的、不规则的路径变换为一条由线段相连接的可行路径，将可行路径和已经记录的最短路径进行比较分析，如果该路径的长度相对更短，则将该路径作为最短路径，然后对路径上所有节点的信息素按照（2）的方法进行更新。如果当前已经达到预先设定的终止时刻，则跳转到（5）。

（4）下一时间路径的生成。在信息和基于过渡态的概率使用当前的距离启发式信息，产生从初始状态到一个可行路径树的状态，然后就跳转到（2）。

（5）算法结束。将当前的最优路径输出。

第三节　蚁群算法实验分析

蚁群算法中的参数对算法性能评定至关重要，下面具体分析各参数对算法性能的影响，这些参数包括：信息素挥发系数、信息素的浓度和能见度、启发式因子以及蚂蚁数量。

1.信息素挥发系数

在上面算法中采用参数 ρ 表示信息素挥发系数，则 $1-\rho$ 就是信息素的残留因子。信息素挥发系数的数值直接关系到全局搜索能力和收敛的速度；其残留因子体现了蚂蚁间相互影响的强度。当所要处理的问题规模比较大时，由于信息素挥发系数的存在，当信息素挥发系数很大时，信息素将减小到接近于零，从而降低了蚁群算法的全局搜索能力，同时会影响随机性；相反，当信息素挥发系数变小时，虽然提高了随机性和全局搜索的能力，但是会使算法的收敛速度大大降低。

因此,选择蚁群算法中的信息素挥发系数,需综合考虑算法的全局搜索能力和收敛速度这两项性能指标,并针对具体问题的应用条件和实际要求,在全局搜索能力和收敛速度这两方面给出合理或折中的选择。

2. 信息素的浓度和能见度

蚁群算法中信息素的浓度表示过去所释放的信息激素物质,能见度表示未来信息的载体。算法的全局收敛性和求解的效率受信息素的浓度和能见度的影响。本书中各个路径上信息素的浓度更新遵循全局和局部更新规则,能见度为该路径长度的倒数。

3. 启发式因子

信息素的启发式因子反映蚂蚁群体在行走进程中信息量的积累在指导蚂蚁群体搜索进程中的重要性。启发式因子的值越大,曾经走过的路径被蚂蚁选择的可能性越大,搜索随机性会随其而减小;而当信息素的启发因子的值过小时,容易使搜索进程提前出现进入局部最优解的现象。

期望启发式因子反映的是能见度在指挥、引导蚂蚁群体搜索进程的重要性,其值反映蚂蚁群体寻优进程的先验性和确定性的影响强度。其值越大,蚂蚁群体在某个节点选择最优路径的可能性就越大。虽然此时算法收敛速度加快,但是随机性会随之减弱,易于出现进入局部最优解的现象。

4. 蚂蚁数量

作为一种可并行随机的搜索算法,该算法通过多数候选解而形成的集体进化来搜索最优解,这一进程不仅需要个体本身的自适应能力,还需要蚂蚁种群内部之间的相互协同工作。现在相对单只蚂蚁一次所走的路线,表现为可行解集中的一个解,M 只蚂蚁在这一次循环中所走的路线集,就表现为该问题的所有可行解集中的一个子集。由此可见,子集大(蚂蚁数量多),能使算法的全局搜索能力和稳定性得到提高。但在实际应用中,如果蚂蚁的数量超过一定数量,则会使大量被搜索的可行解(路径)上的信息素的变量趋于零,信息素的正反馈作用减弱,虽然此时全局搜索的随机性加强,但收敛的速度却减慢了。反之,子集较少(蚂蚁数量少),当要管理的问题规模相对比较大时,全局搜索随机性会变弱,虽然这时收敛的速度加快,但会使稳定性相对变差,并且会出现提前停滞的现象。

第四节　移动机器人导航技术

一　移动机器人的导航方式

移动机器人的导航方式有很多,包括路标导航、视觉导航、基于传感器的数据导航、卫星导航等。它们不同程度地适用于不同的环境,包括室内和室外环境、结构化环境与非结构化环境。

1.路标导航

将环境中具有明显特征的景物存储在移动机器人内部,移动机器人通过对路标的探测来确定自己的位置,并将全局路线分解成路标与路标之间的片断,再通过一连串的路标探测和路标指导来完成导航任务。

2.视觉导航

随着计算机视觉理论及算法的发展,视觉导航成为导航技术中的一个重要发展方向。移动机器人利用装配的摄像机拍摄周围环境的局部图像,然后通过图像处理技术,如特征识别、距离估算等,对移动机器人进行定位并规划下一步的动作,从而实现对移动机器人局部路径规划。

3.基于传感器的数据导航

一般移动机器人安装了非视觉传感器,如超声传感器、红外传感器、接触传感器等。利用这些传感器能使移动机器人在动态非结构化环境中实现自主导航。

4.卫星导航

全球定位系统(GPS)是以距离作为基本的观测量,通过对四颗GPS卫星同时进行距离测量计算用户(接收机)的位置。移动机器人通过安装卫星信号接收装置,可以实现自身定位。

二　移动机器人导航技术的发展

移动机器人技术是传感技术、控制技术、信息处理技术、机械加工技术、电子技术、计算机技术等多门技术的结合。因此,移动机器人导航技术的发展也建立在这些技术的高速发展之上。

1. 先进的传感技术

传感器相当于移动机器人的感觉器官,通过先进的传感器技术,移动机器人能有效地采集环境信息,从而提高导航的效率和准确性。

2. 高效的信息处理技术

信息处理主要是指对传感器采集的信息进行处理,如语音识别与理解技术、图像处理与模式识别技术等。由于目前移动机器人的导航多数采用基于视觉或有视觉参与的导航技术,因此计算机视觉和图像处理技术的水平对移动机器人导航技术的发展起至关重要的作用。

3. 多传感器的信息融合技术

多传感器的导航方式是移动机器人导航发展的必然趋势。多传感器的信息融合技术充分利用多个传感器的资源,通过对传感器及其观测信息的合理支配和利用,把多个传感器在空间或时间上的冗余或互补信息根据一定的准则进行组合,从而获得对被测对象的一致性解释或描述,因此它不仅能够提高导航精度,还能使整个导航系统具有较高的鲁棒性。

4. 智能方法的发展与完善

目前在移动机器人导航中,智能方法的应用是一个重要的发展方向。但目前智能方法在移动机器人导航中的应用范围却受到了很大局限,如神经网络应用往往局限在环境的建模和认知上,如移动机器人地图构建。同时由于目前在导航过程中主要采用前馈网络,需要校识信号进行训练,因此难于实现在线应用。模糊逻辑应用于复杂未知的动态环境中,模糊规则很难提取,导航的效果也不理想。因此在移动机器人导航中,智能方法还有极大的发展空间。

第五节 路径规划方法

路径规划一直是移动机器人研究领域的一个热点,所谓移动机器人的最优路径规划问题,就是依据某个或某些优化准则(如工作代价最小、行走路线最短、行走时间最短等),在其工作空间中找到一条从起始状态到目标状态能避开障碍物的最优路径。根据对环境信息的掌握程度不同,路径规划可分为全局路径规划和局部路径规划。

(1)全局路径规划的环境信息完全已知,包括障碍物的位置及其几何性质。

（2）局部路径规划的环境信息完全未知或部分未知,通过传感器在线对移动机器人的工作环境进行探测,以获取障碍物的位置和几何性质等信息,这种规划能随时对环境数据的搜集和环境模型的动态更新进行校正。

全局路径规划方法包括环境建模和路径搜索两个子问题。一般,先对环境信息进行建模,然后采用某种搜索方法搜索最优路径。全局路径规划属于事前规划,因此对移动机器人系统的实时计算能力要求不高,规划结果是全局的、较优的,但对环境模型的错误及噪声的鲁棒性差。局部路径规划方法将对环境的建模与搜索融为一体,要求移动机器人系统具有高速的信息处理能力和计算能力,对环境误差和噪声有较高的鲁棒性,能对规划结果进行实时反馈和校正,但是由于缺乏全局环境信息,因此规划结果有可能不是最优的,甚至可能找不到正确路径或完整路径。

移动机器人路径规划方法大致可以分为两类:传统路径规划和智能路径规划。

一、传统路径规划

传统路径规划方法包括:可视图法、自由空间法、栅格法和人工势场法等。

1. 可视图法

可视图法是将移动机器人视为一点,连接移动机器人、目标点和多边形障碍物的各个顶点,要求移动机器人和多边形障碍物各顶点之间,目标点和多边形障碍物各顶点之间以及各多边形障碍物的顶点之间的连线不能穿越障碍物,这样形成的图称为可视图。由于任意两条直线的顶点是可视的,移动机器人从起点沿连线到达目标点的所有路径均是无碰路径。对可视图进行搜索,并利用优化算法删除一些不必要的连线以简化可视图,缩短搜索时间,最终就可以找到一条无碰最优路径。可视图法的优点是可以求得最短路径,缺点是缺乏灵活性,即一旦移动机器人的起点和目标点发生改变,就需要重新构造可视图,比较麻烦。

2. 自由空间法

自由空间法是采用预先定义的基本形状(如广义锥形、凸多边形等)构造自由空间,并将自由空间表示为连通图,然后通过对连通图的搜索来规划路径,其算法的复杂度与障碍物的个数成正比。自由空间法的优点是比较灵活,移动机器人的起点和目标点的改变不会造成连通图的重新构造,自由空间法也存在缺点,如不是任何时候都可以获得最短路径。

3.栅格法

栅格法是将移动机器人的工作环境分解成一系列具有二值信息的网格单元,通常采用二维笛卡儿矩阵栅格表示工作环境,每个矩阵栅格有一个累积值 CV,表示在此方位中存在障碍物的可信度。CV 值越大,表示存在障碍物的可能性越高。用栅格法表示格子环境模型中存在障碍物的可能性的方法起源于美国卡内基梅隆大学。通过优化算法在单元中搜索最优路径。由于该方法以栅格为单位记录环境信息,环境被量化成具有一定分辨率的栅格,栅格的大小直接影响环境信息的存储量和路径搜索的时间,因此在实用上受到一定的限制。

4.人工势场法

人工势场法是一种虚拟力场法,是把移动机器人在环境中的运动视为一种在抽象的人工受力场中的运动,即在环境中建立人工势场的负梯度方向指向系统的运动控制方向。目标点对移动机器人产生引力,障碍物对移动机器人产生斥力,其结果是使移动机器人沿"势峰"间的"势谷"前进,最后求出合力来控制移动机器人的运动。人工势场法的优点是系统的路径生成和控制直接与环境实现闭环,从而加强系统的适应性和避障性能。但是人工势场法也存在缺点,如在陷阱区域容易陷入局部最小;在相近的障碍物之间不能发现路径等。

前三种方法是全局路径规划方法,首先根据已知环境信息用不同方法对环境进行建模,然后采用搜索技术来搜索最优路径。但是这些传统方法在路径搜索效率及路径优化方面有待进一步改善。现在通常使用的搜索技术包括:梯度法、图搜索方法、枚举法、随机搜索法等。其中,梯度法易陷入局部最小点,图搜索方法和枚举法不能用于高维的优化问题,随机搜索法计算效率低。人工势场法既可用于环境已知的全局路径规划,又可用于环境未知的局部路径规划。人工势场法用于全局规划时根据全局信息构造环境势场模型,而用于局部规划时根据传感器实时检测信息构造环境势场模型。

二 智能路径规划

近年来,随着遗传算法等智能方法的广泛应用,机器人路径规划方法也有了进展,许多研究者把目光放在了基于智能方法的路径规划研究上。其中,应用较多的算法主要有模糊控制算法、神经网络方法和遗传算法。

1.基于模糊控制算法的机器人路径规划

模糊控制算法模拟驾驶员的驾驶思想,将模糊控制具有的鲁棒性与基于生理学上的

"感知和动作"行为结合起来,适用于时变未知环境下的路径规划,实时性较好。移动机器人在自主导航过程中,当对环境的描述包含不确定因素,不能将其直接归类到某个环境特征或采取某个明确的规则时,可采用模糊控制算法。模糊控制算法符合人类思维习惯,不仅不需要建立系统的数学模型,还易于将专家知识直接转换为控制信号。利用模糊控制算法可将不确定性直接表示在推理过程中。将基于模糊规则的目标识别融合计算非常简单,通过指定一个0~1的实数来表示真实度,这相当于隐式算子的前提。利用模糊控制算法对传感器信息的精度要求不高,对移动机器人的周围环境及其位姿信息的不确定性也不敏感,使移动机器人的行为体现出很好的一致性、稳定性和连续性。然而由于实际环境的复杂性,一方面很难预料所有可能的情况,另一方面对于多输入、多输出系统,要构造其全部模糊规则也是非常复杂和困难的,而且模糊推理的运算量随模糊规则的增长按指数级增长。因此让移动机器人学会模糊规则是非常必要的。

2. 基于神经网络方法的机器人路径规划

神经网络方法是一种仿效生物神经系统的信息处理方法。它是一个高度并行的分布式系统,处理速度快且不依赖于系统精确的数学模型,还具有自适应和自学习能力。一个神经网络包括以各种方式连接的多层处理单元。神经网络对输入的数据进行非线性变换,从而完成聚类分析技术所进行的从数据到属性的分类。目前神经网络的类型有很多,多数神经网络在用于增强移动机器人避障能力与路径规划上常采用三层感知器模型和BP算法。禹建丽等提出了一种基于神经网络的机器网络结构,根据路径点位于障碍物内、外的不同位置选取不同的动态运动方程,规划出的路径达到了折线形的最短无碰路径,计算简单、收敛速度快。陈宗海等提出了一种在不确定环境中移动机器人的路径规划方法,将全局路径规划分解为局部路径规划的组合,为了提高规划的效率,在避障规划中采用基于案例的学习方法,以 ARf-2 神经网络实现案例的匹配学习和扩充,满足规划的实时性要求。

3. 基于遗传算法的机器人路径规划

遗传算法是机器人路径规划研究中应用较多的一种方法,无论是单机器人静态工作空间,还是多机器人动态工作空间,遗传算法及其派生算法都取得了较好的路径规划成果。孙树栋等用遗传算法完成了离散空间下移动机器人的路径规划,并得到较好的仿真结果。但是,该路径规划是基于确定环境模型的,即工作空间中的障碍物位置是已知的、确定的。Kazuo Sugiliara 和 John Smith 在离散空间下进行路径规划的同时,将问题深入化,栅格序号采用二进制编码,统一确定其个体长度,随机产生障碍物位置及数目,并在搜索到最优路径后,在环境空间中随机插入障碍物,模拟环境变化,通过仿真结果验证算法的有效性和可行性。但是,规划空间栅格法建模仍存在缺陷,若栅格划分过粗,则规划精度较低;若栅格划分太细,则数据量又会太大。

美国密歇根大学J.Holland教授提出了一种连续空间下基于遗传算法的机器人路径规划方法,该方法在规划空间利用链接图建模的基础上,首先使用图论中成熟算法粗略地搜索出可选路径,然后使用遗传算法来调整路径点,逐步得到较优的行走路线。该方法的染色体编码不会产生无效路径,且仅使用基本遗传算法就可以完成路径规划。但是在环境复杂、障碍物数目较多的情况下,该方法建立链接图会有一定的困难。在遗传算法的改进上提出一种遗传模拟退火算法,利用遗传算法与遗传模拟退火算法相结合来解决机器人路径规划问题,有效地提高了路径规划的计算速度,保证了路径规划的质量。

遗传算法在多机器人协调作业方面也得到了应用,基于理性遗传算法的协调运动行为合成算法,针对特定环境下的多机器人协调运动问题,基于调速避碰的思想,借助CMAC神经网络,描述各机器人的运动行为与环境状态之间复杂的、非线性映射关系,利用遗传算法来合成与优化各机器人的运动行为,从而实现多机器人在已知环境下,运动行为的相互协调与优化。

4.基于混合方法的机器人路径规划方法

L.H.Tsoukalas等提出了一种用于半自主移动机器人路径规划的模糊神经网络方法。所谓半自主移动机器人,就是在人类示教基础上增加学习功能器件的机器人。这种方法采用模糊描述来完成机器人行为编码,同时重复使用神经网络自适应技术。由机器人上的传感器提供局部的环境输入,由内部模糊神经网络进行环境预测,进而在未知环境下规划机器人路径。

此外,也有人提出基于模糊神经网络方法和遗传算法的机器人自适应控制方法。将规划过程分为离线学习和在线学习两部分。其中离线学习部分主要为模糊神经网络方法,将模糊神经网络方法分为五层:输入、模糊化、操作、规则、输出,然后用神经网络对这五层的参数进行训练。在线学习部分分为三部分:PE(性能鉴别)、AS(行为搜索)、RC(规则构造)。性能鉴别部分主要判断机器人工作环境中是否有障碍物。a为判断所用的性能指标,若$a=1$,则该位置无障碍物;若$a=0$,则该位置有障碍物。行为搜索部分根据费用最小原则,利用遗传算法调整路径。规则构造部分为模糊控制构造规则库,主要用于产生机器人的行为控制,如向前、向后、左转、右转等。该方法是一种混合的机器人自适应控制方法,可以自适应调整机器人的行走路线,达到避障和路径最短的双重优化。

遗传算法等智能方法在机器人路径规划技术中已得到广泛的重视及研究,在障碍物环境已知和未知情况下,均已取得一定的研究成果。机器人路径规划是机器人应用中的一项重要技术,采用机器人路径规划技术可以节省机器人的作业时间,减少机器人磨损,节约人力资源,减少资金投入,为机器人在多种行业中的应用奠定了基础。将遗传算法、模糊控制算法、神经网络方法等相结合,可以组成新的智能路径规划方法,从而提高机器人路径规划的避障精度,加快规划速度,满足实际应用的需要。同时,多机器人协调作业环境下的路径规划技术也将是研究的热点及难点问题,越来越受到人们的重视。障碍物及机器人数目的增加,增大了路径规划的难度,引入可以优化简约知识的粗糙集理论,简化规划条件,提取路径规划特征参数,有可能进一步解决诸如机器人路径规划速度等难题。

三 机器人的体系结构

机器人系统可以分为两个子系统:上层控制系统和底层控制系统。上层控制系统与底层控制系统之间以及底层各系统之间采用 CAN 总线连成控制器局部网络,能够实现可靠的数据通信和实时、高效的任务调度。如图 4-1 所示。

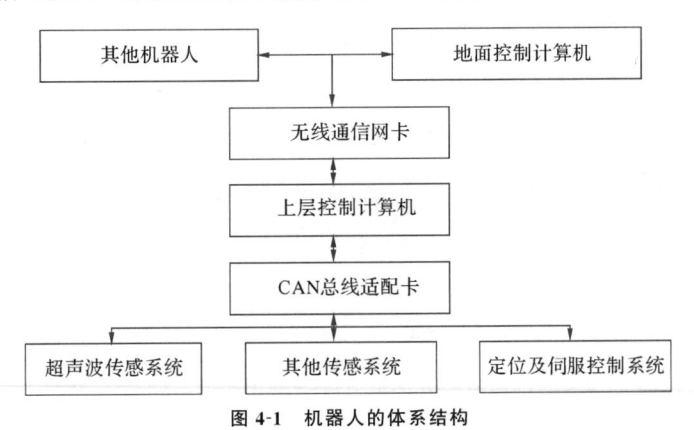

图 4-1 机器人的体系结构

1. 上层控制系统

上层控制系统采用嵌入式工业计算机作为硬件平台,由地面控制计算机、CAN 总线适配卡、无线通信网卡等组成。

为了实现机器人内部各层之间的实时通信,在上层控制系统中采用工业标准的 CAN 总线连接底层控制系统中各个工作模块。

机器人配有无线通信网卡,用于实现机器人与监控人员的实时交互,传送工作指令。

同时，机器人可将传感器的探测结果等机器人状态回送到主控台，以便监控人员进一步下达指令，实现良好的人机交互。

2.底层控制系统

底层控制系统包括超声波传感系统、其他传感系统和定位及伺服控制系统等。

超声波传感系统通过硬件中断和轮回采集等方法实现超声波传感器数据采集的实时性和可靠性。通过CAN总线通信，可以将测距值以很高的通信速率可靠地发送给地面控制计算机。

定位及伺服控制系统用来实现移动机器人的定位和电动机伺服控制两部分功能。移动机器人的定位用于测定机器人的当前坐标及方位。它首先根据电动机光电码盘的输出经计算后得到粗定位，然后根据超声波传感系统信息等其他信息来达到精确定位。驱动轮的伺服控制采用自适应模糊PID控制方法来实现，在误差较大时采用比例控制，电动机快速运行，以使误差迅速减小；在误差较小时使用增益自动调整的PID控制，实现驱动轮伺服控制的无超调运行，以达到移动机器人高速度、高精度移动的目的。

四 对象说明

如图4-2所示，简单清晰地说明机器人的路径规划，移动机器人只考虑2个自由度时，生成2自由度的点机器人。以可全方位移动且用圆表示的移动机器人为例，首先，因为移动机器人能全方位移动，所以可忽略移动机器人的方向（姿势的自由度）。其次，因为能用圆表示机器人，所以把障碍物径向扩张，把机器人缩成一个点。由此，在存在扩张的障碍物的地图上，可以规划点机器人R的路径。

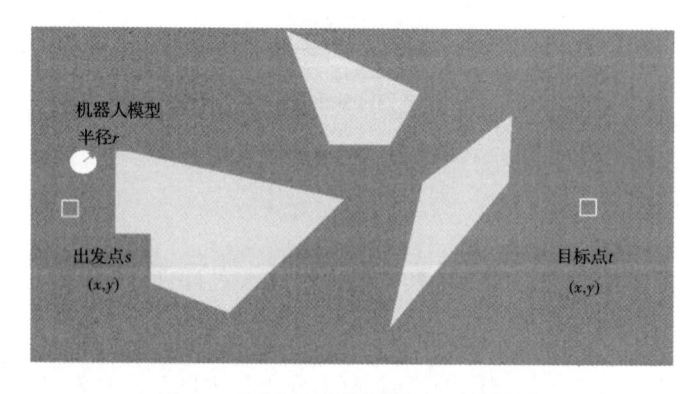

图4-2 障碍物扩张法和只考虑位置的导航

五　路径规划的分类

移动机器人的路径规划因地图的有无会有很大的差别。机器人一边看地图一边运行,或移动机器人走过工厂及学校等人工构造物时,存在地图。因为这个地图是由移动机器人各障碍物的模型做成的,所以这个路径规划称为基于模型的路径规划。另一方面,移动机器人穿行游乐场的迷宫、宇宙及受灾地区等结构未知的地方时,不存在地图。这时,移动机器人用传感器一边检测,回避障碍物,一边不得不把目的地当作目标,这种路径规划称为基于传感器的路径规划。

六　基于模型的路径规划地图处理

为了快速选取路径,用图的数据结构表示地图。所谓图,就是用弧连接节点的数据结构,节点表示机器人的位置,弧表示两个位置间的移动轨迹。在图上给出距离、工作量或时间等,把希望的最佳值作为费用赋于弧上。弧记忆进入节点和输出节点,总是回到原来的地方(程序上称为指针返回)。如果机器人能在两个方向移动,则称为无向弧;如果只能单方向移动,则称为有向弧。如图 4-3 所示,从节点 A 到节点 B 沿两个方向用费用 7 移动,但从节点 C 到节点 D 只能沿一个方向移动,其费用是 3。

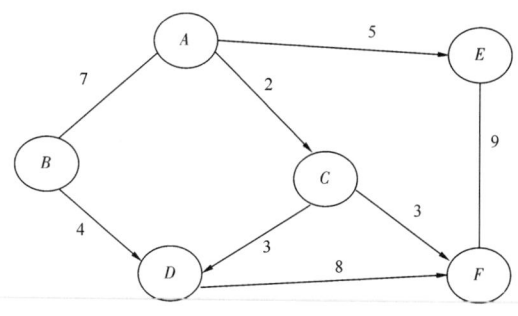

图 4-3　节点和弧

为将实际模型抽象成节点和弧,下面介绍两种典型的图(一个是管理从起始节点 ns 到目标节点 ng 的最短路径的切线图;另一个是连接这些节点的安全路径,即管理尽量离开障碍路径的 Voronoi 图)以及从这两种图选择最佳或满足路径的算法 A∗ 和 A。

以一个基于模型的路径规划的典型例子为例来说明重视最短路径到达目的地的切线图(图 4-4)和重视安全回避障碍物的 Voronoi 图(图 4-5)。

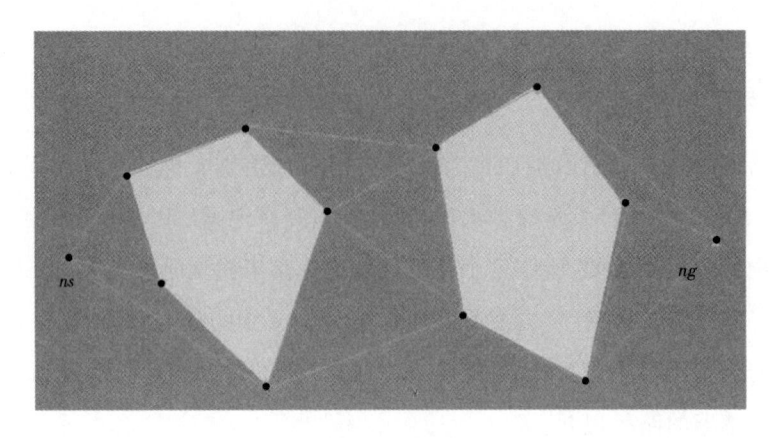

图 4-4 切线图

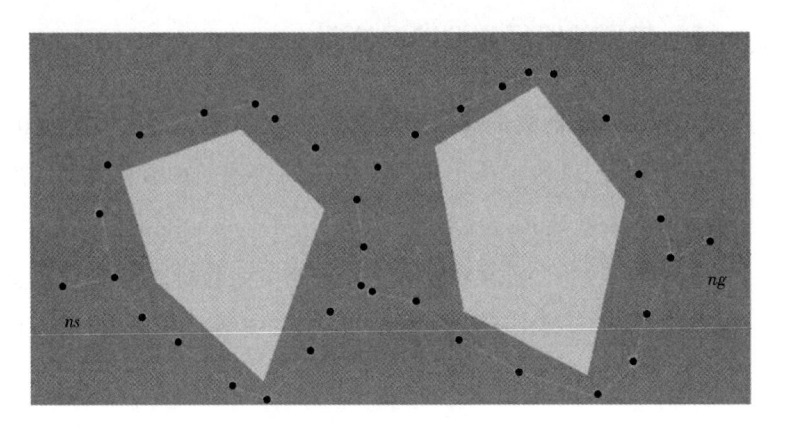

图 4-5 Voronoi 图

切线图用障碍物的切线表示弧。因此可选择从起始节点 ns 到目标节点 ng 的最佳（最短）路径。若误解了自己的位置而偏离路径，则移动机器人碰撞障碍物的可能性会很高。Voronoi 图用尽可能远离障碍物和墙壁的路径表示弧。由此可知，虽然从起始节点 ns 到目标节点 ng 的路径有些长，但即便误解了自己的位置，偏离了规定的路径，也可避免碰撞障碍物。

切线经图和 Voronoi 图都是由节点和弧构成的，用节点表示起始点、经过点、目标点；用无向弧表示路径，其上附加有作为费用的欧几里得距离。最后，由算法 A 选出任意路径，由算法 A＊选出最短路径。

1.切线图

在切线图上，虽然可选择从起始节点 ns 到目标节点 ng 的最短路径，但移动机器人需接近障碍物行走。即切线图是反障碍物之间的切线图形化得到的，所以用节点表示切点，用弧表示连接两切点的路径，弧上可附加两端点间的欧几里得距离作为费用。

首先把对应起始点 S 和目标点 G 的两个节点 ns 和 ng 标注在新的切线图上,然后用算法 A* 选出最佳(最短)路径 P。最后,使机器人 R 沿路径 P 进行 PTP(point-to-point)控制和 CP(continuous path)控制,把机器人引导到目的地。如果在控制过程中产生位置误差,机器人碰撞障碍物的可能性会增大。

2. Voronoi 图

Voronoi 图因为可以选择从起始节点 ns 到目标节点 ng 的安全路径,所以移动机器人能够在离障碍物足够远的路径上行走。即 Voronoi 图可用弧表示距两个以上障碍物和墙壁表面等距离的点阵,用节点表示它们的交叉位置。弧的费用可用连接节点点阵的欧几里得距离表示。首先把对应起始点 S 和目标点 G 的起始节点 ns 和目标节点 ng 标注在图上,然后用搜索算法 A* 选出安全路径 P,最后使点机器人 R 沿着路径 P 进行 PTP 控制和 CP 控制,把移动机器人引导到目的地。采用这种控制时即使产生位置误差,移动机器人也不会碰撞障碍物。

七、搜索算法

把切线图和 Voronoi 图作为搜索图 G,选出从起始节点 ns 到目标节点 ng 的最佳(或满足)路径的算法 A*(或 A)。

算法 A*(或 A)一面计算节点 n 的费用 $f(n)$,一面搜索图 G。费用 $f(n)$ 是从起始节点 ns 经由当前节点 n 到目标节点 ng 的最小费用(最短距离)的估价函数,计算公式为

$$f(n) = g(n) + h(n)。$$

式中　$g(n)$——起始节点 ns 和当前节点 n 之间的现时点上的最小费用(最短距离);

　　　$h(n)$——当前节点 n 和目标节点 ng 之间的最小费用 $h*(n)$ 的估计值,称为启发式函值。

OPEN 是管理以后扩展节点的明细表,所有节点按费用 $f(n)$ 递增顺序排列,CLOSED 是管理已扩展节点的明细表。

通常搜索算法(A* 或 A 等),在从节点 n 扩展的所有节点 n' 中,把必要的节点同费用 $f(n')$ 都标注在 OPEN 上,这个操作称为扩展节点 n。

算法 A*(或 A)的程序如下:

(1)把起始节点 ns 代入 OPEN。

(2)如果 OPEN 是空表,因为路径不存在,所以算法终止。

(3)从 OPEN 取出费用 $f(n)$ 最小的节点 n,并把它移到 CLOSED。

(4)如果节点 n 是目标节点 ng,则顺次返回到来自的节点上(程序上是追寻指针)。若到达起始节点 ns,则终止算法,得到一个路径。

(5)否则,扩展节点 n,把指针从其子节点 n' 返回到节点 n(记住从哪来的)。然后对所有的子节点 n' 做以下工作:

- 节点 n' 如果不在 OPEN 或 CLOSED 中,则它为新的搜索节点。因此,首先计算估计值 $h(n')$(从节点 n' 到目标节点 ng 的最短距离的估计值);然后计算评价值 $f(n') = g(n') + h(n')$,其中 $g(n') = g(n) + c(n、n')$,$g(ns) = 0$,$c(n、n')$ 为连接节点 n 和 n' 的弧的费用;最后,把节点 n' 和评价值 $f(n')$ 代入 OPEN。

- 若节点 n' 存在于 OPEN 或 CLOSED 中,则它为已被搜索的节点。于是,把指针换到带来最小值 $g(n')$ 的路径上(变更来自的地方)。然后,在指针发生替换时,若节点 n' 存在于 CLOSED 中,则它返回到 OPEN 后,再计算 $f(n') = g(n') + h(n')$。

(6)返回到(2)。

当估计值 $h(n)$ 小于或等于真值 $h*(n)$ 时,上述算法变为 A*,可选出从起始节点 ns 到目标节点 ng 的最佳路径(总计费用最小的路径)。否则,算法变为 A,可选出从起始节点 ns 到目标节点 ng 的满足要求的路径(总计费用不是最小的路径)。因此,机器人的路径规划多用从当前地点 $(X_p、Y_p)$ 或 $(\theta_{p1},\theta_{p2})$ 到目的地 (X_g,Y_g) 或 $(\theta_{g1}、\theta_{g2})$ 的平方范数定义估计值。估计值 $h(n)$ 通常比 $h*(n)$ 小,称为算法 A*,由它可选择最佳路径。

如图 4-6 所示,搜索图 G 中存在估计值 $h(n)$(在节点上用括号给出)比真值 $h*(n)$ 大的节点。

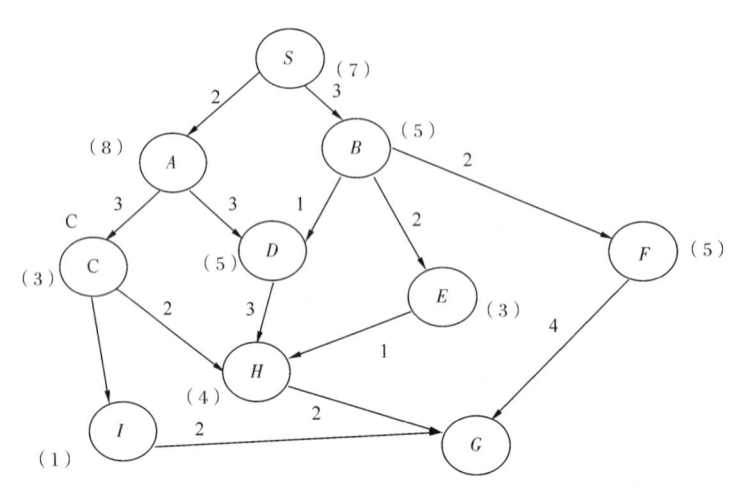

图 4-6 搜索图 G1

例如，节点 A 和 H 的估计值分别是 8 和 4，但到达目的地的最小真值是 7 和 2。由于这个费用评价过大，可以忽略存在于最短路径上的节点 H 等，算法错过了费用 8 的最佳路径，最终得到费用 9 的满足要求的路径。下面用图 4-7 说明这个过程。

首先，S 被代入 OPEN[图 4-7(a)]，扩展后移到 CLOSED，节点 A 和 B 被代入 OPEN[图 4-7(b)]。因为节点 A 和 B 的评价值分别为 10、8，所以扩展节点 B，节点 D、E、F 的评价值分别为 9、8、10，全都代入 OPEN，扩展后节点 B 被移到 CLOSED[图 4-7(c)]。节点 E 的评价值最小，扩展节点 E，节点 H 及其评价值 10 代入 OPEN，扩展后节点 E 被移到 CLOSED。

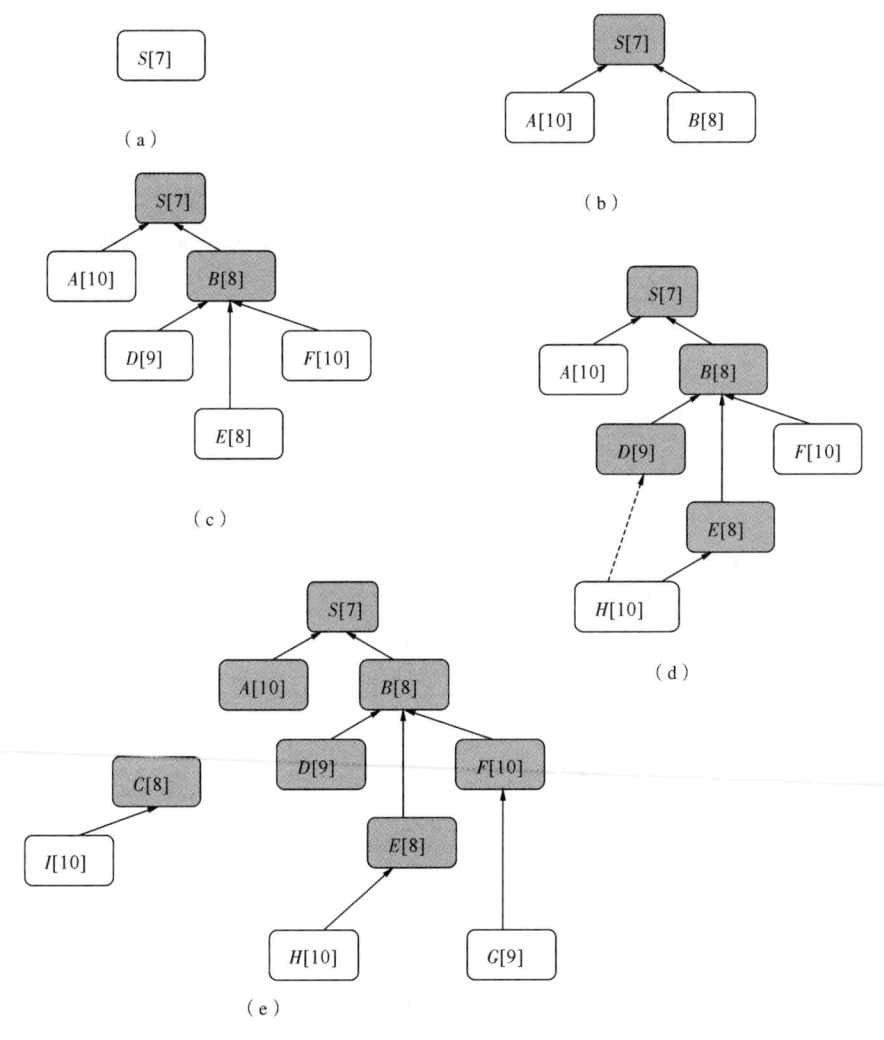

图 4-7 利用算法 A 选择满足路径

此时,评价值最小的节点 D 扩展后被移到 CLOSED,节点 H 被再次搜索。这时,注意到节点 H 的值 g,由于过去的费用 6(经由节点 E、B 返回到 S)比新的费用 7(经由节点 D、B 返回到 S)小,因此不更换指针[图 4-7(d)]。由于 OPEN 上存在评价值都为 10 的三个节点 A、H、F,这三个节点都分别向下扩展,用中断连接扩展节点 A,将节点 C 及其评价值 8 代入 OPEN,节点 A 被移到 CLOSED。然后,评价值最小的节点 C 被移到 CLOSED,节点 I 及其评价值 10 代入 OPEN,再次搜索节点 H。这时,注意到节点 H 的值 g,由于过去的费用 6(经由节点 E、B 返回到 S)比新的费用 8(经由节点 C、A 返回到 S)小,因此不用更换指针。由于 OPEN 上存在评价值为 10 的三个节点 F、H、I,其扩展后的节点均为 G,经计算,节点 F 到节点 G 的评价值最小,因此用中断连接扩展节点 F,将节点 G 及其评价值 9 代入 OPEN,节点 F 移到 CLOSED[图 4-7(e)]。

最后,如果选择节点 G 作为评价值 f 最小的节点,将指针返回到节点 F、B 和起始点 S,最终将得到费用为 9 的路径。

另一方面,在图 4-8 所示的搜索图 G 上,所有节点的估计值 $h(n)$(在节点上用括号给出)常小于或等于真值 $h*(n)$。因此,需要调整最短路径上的节点,以费用 8 的最短路径终止。

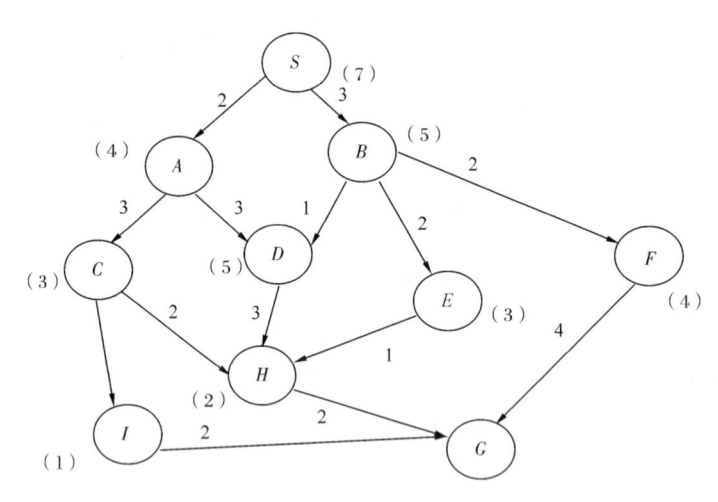

图 4-8 搜索图 G2

首先,S 被代入 OPEN,扩展后移到 CLOSED,将节点 A 和 B 代入 OPEN。因为节点 A、B 的评价值分别为 6、8,所以节点 A 扩展后移到 CLOSED,节点 B、C、D 及其评价值 8、8、10 代入 OPEN。用中断连接扩展节点 B 后代入 CLOSED,节点 E、F 及其评价值 8、9 代入 OPEN,再次搜索节点 D。

这时，节点 D 的值 g，由于新的费用值 4（经由节点 B 返回到 S）比过去的费用 5（经由节点 A 返回到 S）小，因此要更换指针，重新计算的评价值变为 9[图 4-9（a）]。仍然用中断连接扩展节点 C 后移到 CLOSED，节点 I、H 及其新的评价值 10、9 代入 OPEN[图 4-9（b）]。然后，把扩展后评价值最小的节点 E 代入 CLOSED，再次搜索节点 H。这时，节点 H 的值 g 比过去的费用 7（经由节点 C、A 返回到 S）和新的费用 6（经由节点 E、B 返回到 S）小，所以更换指针，重新计算 H 的评价值为 8[图 4-9（c）]，把扩展后评价值最小的节点 H 代入 CLOSED，节点 G 以评价值 8 代入 OPEN。

最后，如果节点 G 选择作为评价值最小的节点，则把指针返回到节点 H、E、B 和起始点 S，最终得到费用 8 的最短路径。这里，由于节点 H 的估计值 $h(n)$ 与真值 $h*(n)$ 相比过小，因此这个最佳路径上的节点必须调整。

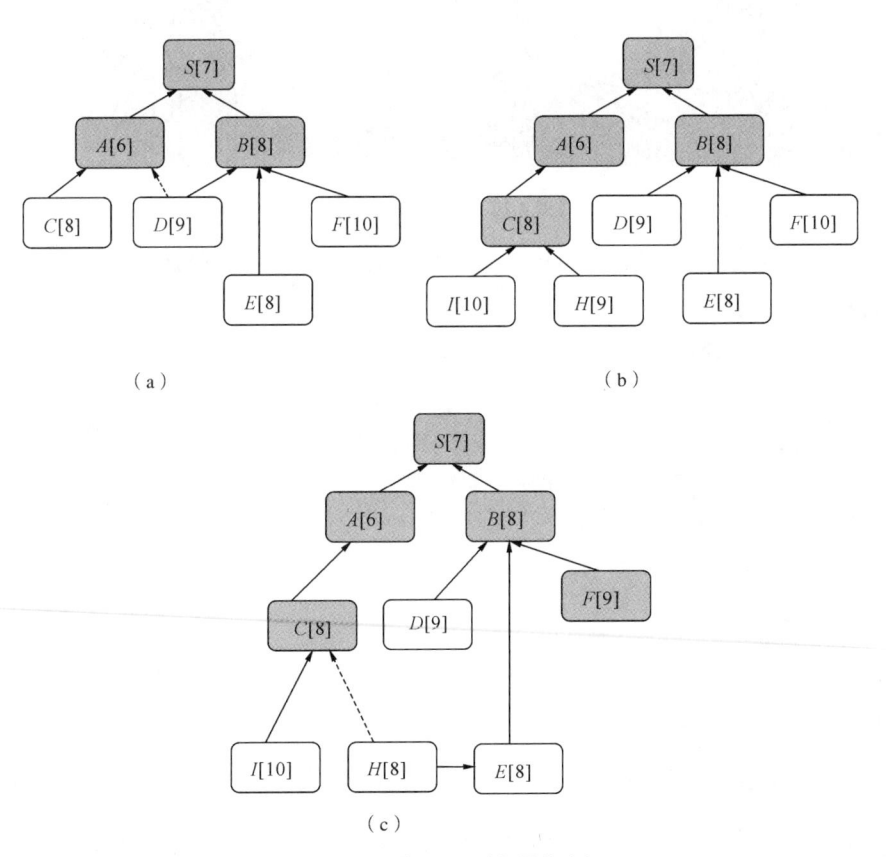

图 4-9 利用算法 A* 选择最佳路径

第六节　仿真验证

一、路径仿真验证

已知的地图模型如图 4-10 所示。

图 4-10　已知的地图模型

由图 4-10 可建立直角坐标系,由辅助网格得到各节点坐标,分别为

起始点　$S(5,17)$

节点 1　A　$(16,15)$

节点 2　B　$(15,24)$

节点 3　C　$(18,12)$

节点 4　D　$(8,16)$

节点 5　E　$(9,6)$

节点 6　F　$(19,13)$

节点 7　H　$(2,10)$

目标点　G　$(24,3)$

由以上数据可得到搜索点坐标的节点弧图,并根据公式 $d = \sqrt{(X_g - X_p)^2 + (Y_g - Y_p)^2}$ 可求出两点间距离,即点间费用,如图 4-11 所示。

(a)路径1

(b)路径2

(c)路径3

图 4-11　路径选择

选择最优路径,即最小费用路径为路径 1。

算法能用可视化的节点弧图比较直观地反映出最短路径与安全路径;但当环境比较复杂时,要做出节点弧图比较烦琐,且不易操作。如图 4-12 所示为模拟智能家居环境路径选择,建立节点弧图时需要的节点达数百个,人工处理难以实现,可借助图像处理软件来获取节点坐标。总之,这种搜索算法比较容易理解,且操作简单,具有较大的实用价值。但也存在一些安全性、最优性等问题,需要对算法进行进一步优化。

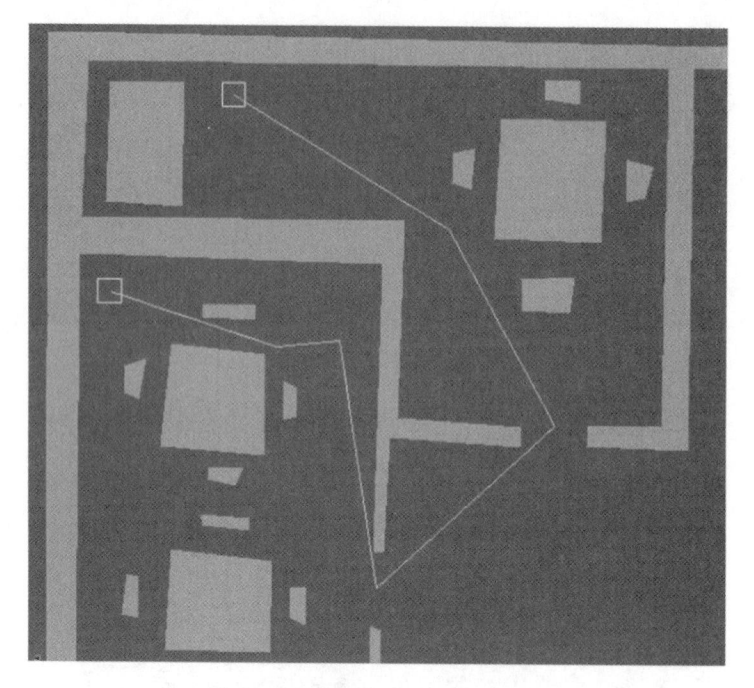

图 4-12 模拟智能家居环境路径选择

基于节点弧图的路径规划的蚁群优化算法的流程如图 4-13 所示。

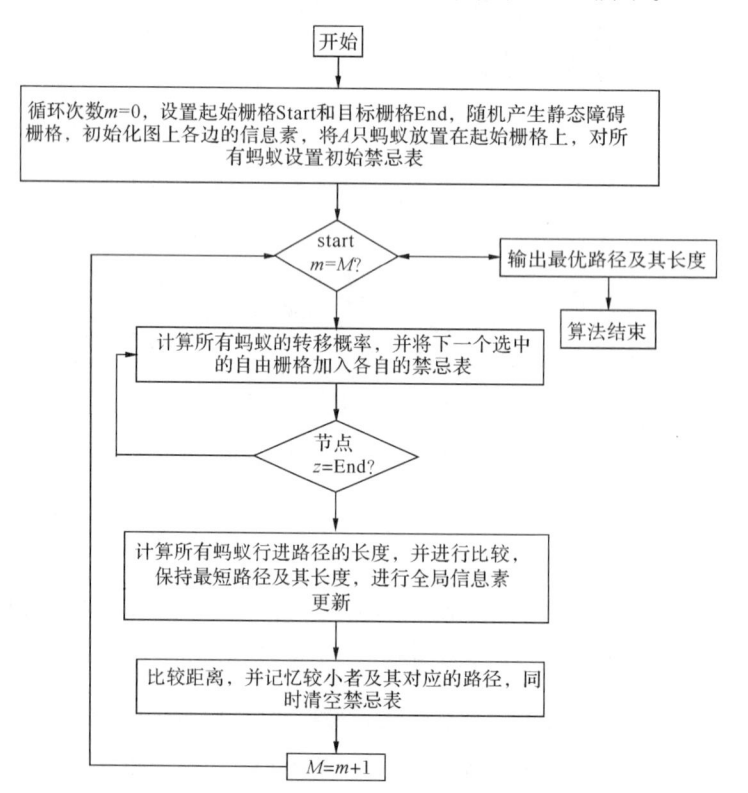

图 4-13 基于节点弧图的路径规划的蚁群优化算法的流程

二　路径仿真研究

程序开始运行，蚂蚁开始从窝里出动，寻找食物；它们会顺着屏幕爬满整个画面，直到找到食物再返回窝。其中，"F"表示食物，"H"表示窝，白色块表示障碍物，"＋"表示蚂蚁，"ŏ"表示找到食物的蚂蚁。

(1)程序开始运行，蚂蚁开始觅食，如图4-14所示。

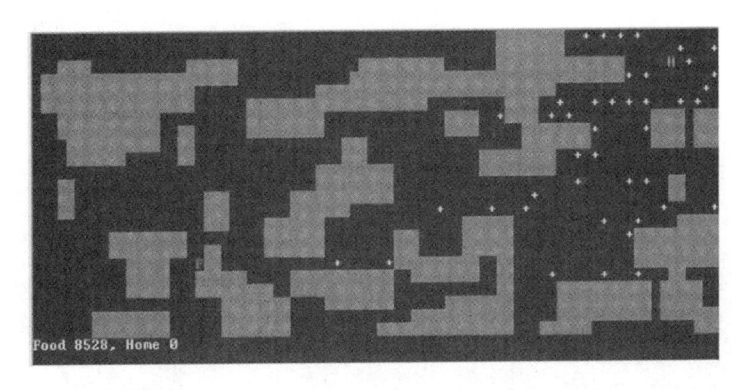

图4-14　程序开始

(2)如图4-15所示，已经有蚂蚁找到食物。

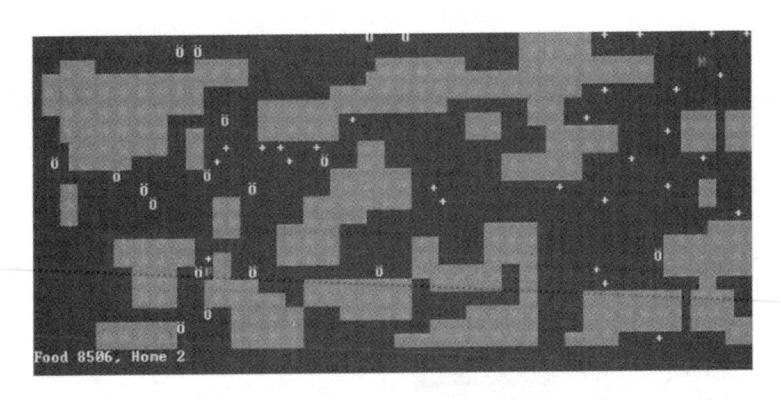

图4-15　觅食过程(1)

(3)越来越多的蚂蚁找到了食物，如图4-16所示。

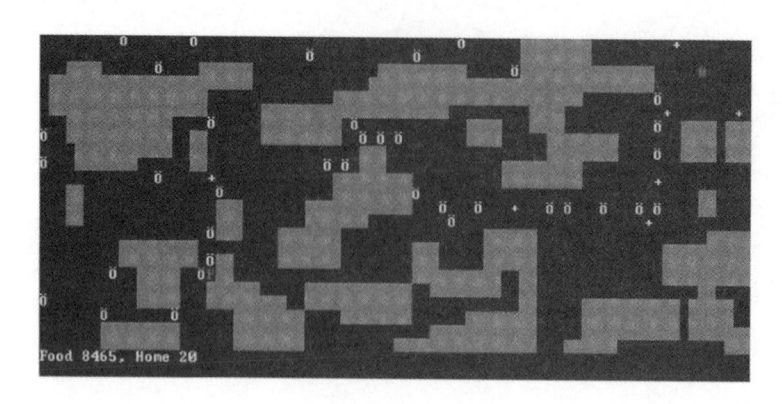

图 4-16 觅食过程(2)

(4)蚂蚁觅食的路径已经有了雏形,如图 4-17 所示。

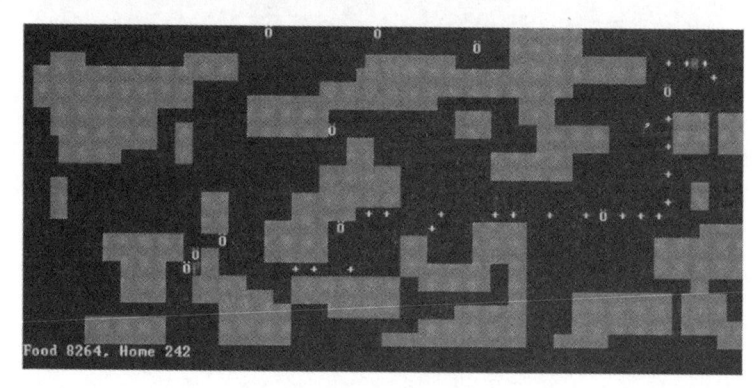

图 4-17 觅食过程(3)

(5)觅食路径已经形成,如图 4-18 所示。

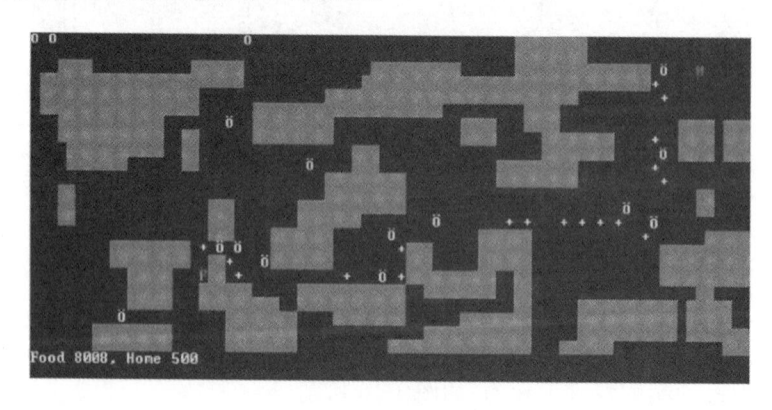

图 4-18 觅食过程(4)

(6)系统收敛,并稳定下来,如图 4-19 所示。

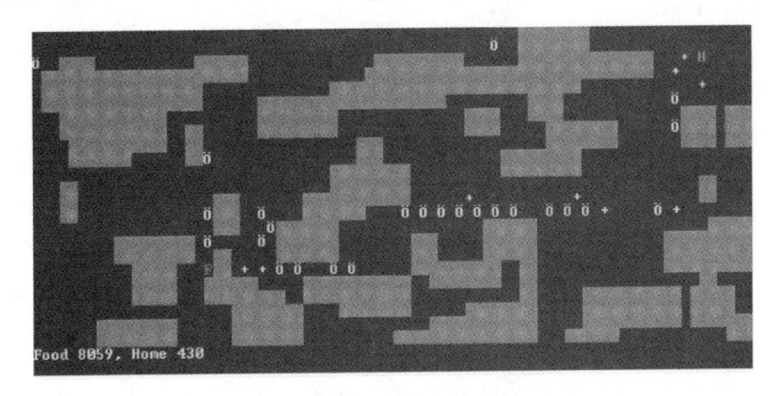

图 4-19　觅食过程结束

(7)用时统计,如图 4-20 所示。

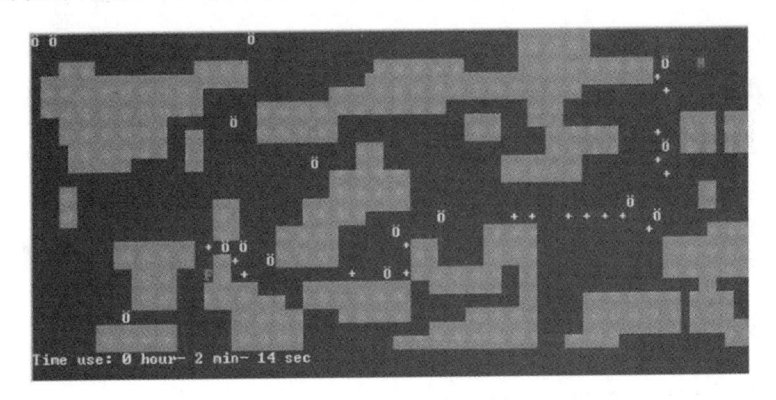

图 4-20　用时统计

这是用 C 语言编写的一个小程序,在实验中,障碍物的大小和位置以及起始点和目标点是随机产生的。每只蚂蚁的移动全凭对信息素的感知,整个路径规划的过程是由蚁群路径的自然收敛而形成的。

蚂蚁在不知道食物位置的前提下开始寻找食物。一只蚂蚁找到食物后,它会向环境释放一种信息素,吸引其他蚂蚁过来,这样越来越多的蚂蚁会找到食物。有些蚂蚁并没有像其他蚂蚁一样重复同样的路,会另辟蹊径,如果另开辟的道路比原来的道路更短,那么,更多的蚂蚁会被吸引到这条较短的道路上。最后,经过一段时间运行,可能会出现一条最短的路径被大多数蚂蚁重复走。

在上面这个程序中,每个蚂蚁的核心程序编码不过 100 多行。为什么这么简单的程序会让蚂蚁干这样复杂的事情?答案是:简单规则的涌现。事实上,每只蚂蚁并不需要知道整个世界的信息,它们只需要关心很小范围内的信息,并根据这些局部信息利用几条简

单的规则进行决策,这样,在蚁群这个集体里,复杂性的行为就会凸现出来。简单规则的内容如下:

(1)范围:蚂蚁观察到的范围是一个方格世界,蚂蚁有一个参数为速度半径(一般为3),则它能观察到的范围就是3×3个方格世界,并且能移动的距离也在这个范围之内。

(2)环境:蚂蚁所在的环境是一个虚拟世界,其中有障碍物、其他蚂蚁和信息素。信息素有两种:一种是找到食物的蚂蚁播撒下的食物信息素,另一种是找到窝的蚂蚁播撒下的窝的信息素。每只蚂蚁仅能感知其范围内的环境信息,环境以一定的速度让信息素消失。

(3)觅食规则:在每只蚂蚁能感知的范围内寻找是否有食物。如果有,则直接过去;否则,感知是否有信息素,并比较在能感知的范围内哪一点的信息素最多,蚂蚁会朝信息素最多的地方走,但每只蚂蚁会小概率地犯错误,即不是往信息素最多的点移动。蚂蚁找窝的规则和觅食一样,只不过它对窝的信息素做出反应,而对食物信息素没反应。

(4)移动规则:每只蚂蚁都会朝向信息素最多的方向移动,当周围没有信息素指引时,蚂蚁会按照其原来移动的方向惯性地移动,并且在运动的方向会有一个随机的小的扰动。为了防止原地转圈,蚂蚁会记住刚走过的点,如果发现要走的下一个点已经走过了,它就会尽量避开。

(5)避障规则:若蚂蚁要移动的方向有障碍物,则它会随机选择另一个方向;若有信息素指引,则它会按照觅食规则行动。

(6)播撒信息素规则:每只蚂蚁在刚找到食物或窝时散发的信息素最多,并随着它走的距离越来越远,播撒的信息素越来越少。

由以上规则可知,蚂蚁之间并没有直接的关系,但每只蚂蚁都和环境发生交互,通过信息素这个纽带,把各个蚂蚁之间关联起来。在没有蚂蚁找到食物时,环境没有有用的信息素,蚂蚁根据在没有信息素时的移动规则来寻找食物。首先,蚂蚁要尽量保持某种惯性,使其尽量向前方(随机固定的一个方向)移动,而不是原地打转或振动;其次,蚂蚁要有一定的随机性,虽然有固定的方向,但它也不能直线运动下去,而是有一个随机的干扰。这样就使蚂蚁运动具有一定的目的性,尽量保持原来的方向,但又有新的试探,尤其当碰到障碍物时,它会立即改变方向,这可以看作一种选择的过程,也就是环境中的障碍物让蚂蚁的某个方向正确,而其他方向则不正确。这就是单个蚂蚁在复杂的诸如迷宫的地图中仍然能找到隐蔽得很好的食物的原因。

当有一只蚂蚁找到食物时,它会向环境播撒信息素,当其他蚂蚁经过它附近时,会感知到信息素的存在,进而根据信息素的指引找到食物。

蚂蚁是如何找到最短路径的?这要归功于信息素和环境,具体说是计算机时钟。信息素多的地方,经过这里的蚂蚁也会多,因而会有更多的蚂蚁聚集过来。假设有两条从窝通向食物的路,开始的时候,走这两条路的蚂蚁数量同样多(或者较长的路上蚂蚁多,这也无关紧要)。当蚂蚁沿着一条路到达终点后会马上返回来,对于短的路,蚂蚁往返一次所用时间短,重复的频率快,因而在单位时间内走过的蚂蚁数目就多,播撒的信息素也多,有更多的蚂蚁被吸引过来,从而播撒更多的信息素;而长的路正相反,因此,越来越多的蚂蚁聚集到较短的路径上,最短的路径就近似找到了。也许有人会问局部最短路径和全局最短路径的问题,实际上蚂蚁逐渐接近全局最短路径。这源于蚂蚁会犯错误,即它会按照一定的概率不往信息素多的地方走而另辟蹊径,这可以理解为一种创新,这种创新如果能缩短路径,那么根据上述原理,更多的蚂蚁会被吸引过来。

这些规则综合起来有两个特点:多样性和正反馈。多样性保证了蚂蚁在觅食时不至于走进死胡同而无限循环,正反馈机制则保证了相对优良的信息能够被保存下来。多样性可看作一种创造能力,而正反馈是一种学习强化能力。正反馈的力量也可以比喻成权威的意见,而多样性是体现打破权威的创造性,正是这两点的巧妙结合才使智能行为涌现出来。

参数说明:

(1)最大信息素:蚂蚁在一开始拥有的信息素总量,表示程序在较长一段时间能够存在信息素。

(2)信息素消减的速度:随着时间的流逝,已经存在于环境中的信息素会消减,其值越大,消减的速度越快。

(3)错误概率:表示这个蚂蚁不往信息素最大的区域走的概率,其值越大,表示蚂蚁越有创新性。

(4)速度半径:表示蚂蚁一次能走的最大长度,也表示蚂蚁的感知范围。

(5)记忆能力:表示蚂蚁能记住刚刚走过点的坐标的个数,这个值能避免蚂蚁在原地转圈,停滞不前。值越大,整个系统的运行速度就越快;值越小,蚂蚁越容易原地转圈。

目标食物量:蚂蚁搬运回窝中的食物量达到此值后,任务完成,程序停止运行。

思 考 题

1.机器人路径规划与自动驾驶有何联系与区别?

2.能用于机器人路径规划的算法有哪些?

3.机器人路径规划是通过什么实现的?

习 题

1.栅格法是将移动机器人的工作环境_____具有_____,多通常采用笛卡儿矩阵栅格表示工作环境,每个矩阵栅格有一个累积值CV,表示在此方位中存在障碍物的可信度。

2.机器人是一种具有_____的自动化机器,机器具备与人或生物类似的智能能力,如_____、_____、动作能力和协同能力等。

3.自由空间法是采用预先定义的_____(如广义锥形,凸多边形等)构造自由空间,并将自由空间表示为_____,然后通过对连通图的搜索来规划路径,其算法的复杂度与_____成正比。

4.底层控制系统包括超声波传感系统、其他传感系统和定位及伺服控制系统等。

( )

5.移动机器人路径规划是指移动机器人按照某一性能指标或者某一要求,寻找一条从初状态到末状态的最优或近似于最优的无碰撞进程的路径,这也是达成移动机器人控制及导航的基础。

( )

6.简述蚁群算法的优点。